PEIDIANWANG GONGCHENG
BIAOZHUNHUA YANSHOU ZHIDAO SHOUCE

配电网工程
标准化验收 指导手册

国网河南省电力公司 编

中国电力出版社
CHINA ELECTRIC POWER PRESS

图书在版编目（CIP）数据

配电网工程标准化验收指导手册/国网河南省电力公司编. —北京：中国电力出版社，2024.3

ISBN 978 - 7 - 5198 - 7499 - 5

Ⅰ.①配… Ⅱ.①国… Ⅲ.①配电系统－电力工程－标准－手册 Ⅳ.①TM7-65

中国国家版本馆 CIP 数据核字（2024）第 045489 号

出版发行：中国电力出版社

地　　址：北京市东城区北京站西街 19 号（邮政编码 100005）

网　　址：http://www.cepp.sgcc.com.cn

责任编辑：丁　钊（010-63412393）

责任校对：黄　蓓　李　楠

装帧设计：郝晓燕

责任印制：杨晓东

印　　刷：北京锦鸿盛世印刷科技有限公司

版　　次：2024 年 3 月第一版

印　　次：2024 年 3 月北京第一次印刷

开　　本：710 毫米×1000 毫米　16 开本

印　　张：15.75

字　　数：304 千字

定　　价：78.00 元

编 制 说 明

　　本手册所称的配电网工程验收，是指配电网工程完工后，按照一定程序，依据国家有关法律、法规、规程、规范以及国家电网有限公司有关工程验收管理要求、国家能源局《农村电网改造升级工程验收指南》等制度，对工程项目的管理工作及质量进行审核、检验及确认的活动。

　　主要流程：单体工程中间验收、单体工程验收、批次工程整体验收。

前 言

　　配电网是电网的毛细血管，是电力进入千家万户的"最后一公里"。一直以来，国网河南省电力公司以"人民电业为人民"为宗旨，始终把助力地区经济发展、改善城乡居民用电放在中心位置，大力开展配电网建设。"十三五"期间，全省累计完成 10kV 及以下配电网投资 777.68 亿元，连续打赢了"脱贫攻坚""村村通动力电""煤改电"等多场攻坚战，为助推全省经济发展、提升城乡居民生产生活用电水平提供了充足动力。

　　以往配电网工程建设过程中，受制于参建人员素质参差不齐、有效建设周期短、验收把关不严等因素影响，部分工程存在带"病"投运现象，为日后电网设备的正常运行埋下了潜在隐患。

　　步入"十四五"，城乡居民对美好生活的向往日益迫切，电力作为经济社会发展、居民生产生活基础支撑的作用愈发凸显，这就对电网建设质量，特别是配电网建设质量提出了新的要求。因此，规范配电网建设验收，把好工程建设质量的最后一道关口显得尤为重要。为进一步规范配电网工程验收流程，增强验收条款的实用性与可操作性，为配电网工程"零缺陷"投运奠定良好的基础，国网河南省电力公司组织编写了本书。

　　本书分为验收标准及要点、典型质量问题解析及远程智能验收展望三篇。验收标准及要点明确了五类配电网工程 68 条验收标准，均按配电网验收流程顺序编写，并配置了相应的图片，能让读者更清晰地了解掌握验收的流程及要点；典型质量问题解析收录了 89 条配电网工程典型缺陷，图文并茂地指出问题并提出解决方案；远程智能验收展望介绍了利用移动设备及云终端实现工程项目远程智能验收的技术方案及应用实例。

　　由于时间仓促，书中难免有疏漏之处，望广大读者提出宝贵意见。

目录

第二部分　典型质量问题解析

总　则

一、 工作任务及目标

按照规定程序、依据相关标准，对配电网工程建设质量、建设规模、工程管理全过程资料、工程管理痕迹等多方面进行检查、把关及确认，确保满足设计方案和运行要求，安全投运，各类工程资料准确、完整、规范。

二、 验收流程

（一）单体工程验收

单体工程验收包括中间验收、施工三级自检、监理初检、竣工投运验收四个环节。

（1）中间验收。单项工程的分部、分项完工后，需开展中间验收。中间验收由建设管理单位组织或委托监理项目部开展，并出具工程中间验收报告，监督问题闭环整改。

（2）施工三级自检。单体工程完成后，开展班组自检、施工项目部复检、公司级验收。

（3）监理初检。具备监理初验条件后，监理项目部对单体工程进行现场检查及对竣工资料提出整改意见，对单体工程存在隐患的现场下达整改意见单，并监督闭环整改；对没有缺陷及隐患的工程及复验合格的工程下达监理初验报告，按验收规范给予质量评定报告，同时向业主提交工程总结报告。

（4）竣工投运验收。建设管理单位在施工单位三级自检、监理初检合格的基础上，组织运行、设计、监理、施工及物资供应等单位开展单体工程竣工验收投运。单体工程竣工投运验收完成所有缺陷闭环整改后，出具竣工验收意见。经运行单位签字认可后，由运行单位组织投运工作。

（二）批次工程验收

（1）批次工程决算（根据工作需要可提前到结算完成后）完成后，县供电公司配电网工程建设管理部门在一个月内完成批次工程自验收。

（2）县供电公司完成批次工程自验收后，市供电公司配电网工程建设管理部门组织发展策划部、设备部、物资部、财务部、审计部、营销（户表工程）部、安监部等相关部门在一个月内完成批次工程整体验收，整体验收时单体工程抽检应覆盖所有的县供电公司，抽检比例不低于30%。

（3）批次工程整体验收通过后，以市供电公司为单位编制批次验收报告，行文报送省电力公司。

（4）省电力公司根据需要对市供电公司批次整体验收结果开展现场核查。

（三）总体工程验收

使用中央预算资金的工程项目由各级发展改革委牵头组织总体验收，按政府有关要求执行。

三、 验收内容及管控重点

（一）中间验收

1. 中间验收适用范围

（1）开关站土建工程、电力电缆（电缆沟、电缆隧道、电缆排管）等分部工程。

（2）钢管杆、角钢塔、大弯矩杆、窄基塔等线路工程杆塔组立前、导地线架设前。

（3）其他需要开展中间验收的工程。

2. 中间验收内容及重点

（1）开关站重点检查设备基础和构、建筑物基础部分。

（2）电力电缆工程重点检查电力电缆敷设施工、电缆接头施工、电缆附件安装施工。

（3）电力隧道工程重点检查竖井、初衬、二衬、防水施工等。

（4）钢管杆、角钢塔、大弯矩杆、窄基塔等线路工程杆塔组立前，重点检查基础工程，其中耐张塔、重要跨越塔基础全检。导地线架设前，重点检查杆塔组立，其中耐张塔、重要跨越塔全检。

（二）施工三级自检

（1）班组自检应在单体工程（施工单元）完成后，由施工班组独立完成。

（2）经班组自检合格后，由施工项目部完成项目部复检工作。项目部复检不得与班组自检合并组织。

（3）公司级验收由施工单位工程质量管理部门根据工程进度开展，以过程随机检查和阶段性检查的方式进行，以确保覆盖面。

（4）施工单位填写竣工报告及验收申请表。

（三）监理初检

（1）监理项目部审查施工单位竣工报告及验收申请，组织监理初检。

（2）监理初检主要核查工程资料是否齐全、真实、规范，符合工程实际，是否满足国家标准、有关规程规范、合同、设计文件等要求；并对工程竣工工程量、施工质量、工艺是否满足国家、行业标准及有关规程规范、合同、设计文件等要求进行现场检查。

（3）监理单位要对所有单体工程逐项开展监理初检工作。监理巡视、平行检验过程中积累的不可变记录（如基础坑深、基础断面尺寸等）可作为初检依据。

（4）监理项目部对初检发现问题提出整改通知单，督促施工项目部制订整改措施并实施。施工项目部整改完毕后监理须进行复查并签证，确认合格后出具监理初检报告，报送业主项目部。配电网工程验收管理流程图如下。

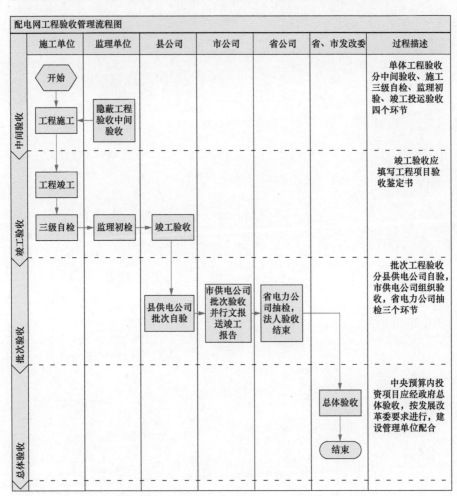

配电网工程验收管理流程图						
	施工单位	监理单位	县公司	市公司	省公司	省、市发改委	过程描述

中间验收
- 开始 → 工程施工
- 隐蔽工程验收中间验收

过程描述：单体工程验收分中间验收、施工三级自检、监理初验、竣工投运验收四个环节

竣工验收
- 工程竣工
- 三级自检 → 监理初检 → 竣工验收

过程描述：竣工验收应填写工程项目验收鉴定书

批次验收
- 县供电公司批次自验 → 市供电公司批次验收并行文报送竣工报告 → 省电力公司抽检，法人验收结束

过程描述：批次工程验收分县供电公司自验，市供电公司组织验收，省电力公司抽检三个环节

总体验收
- 总体验收 → 结束

过程描述：中央预算内投资项目应经政府总体验收，按发展改革委要求进行，建设管理单位配合

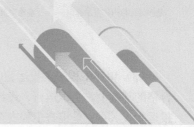

第一部分

验收标准及要点

第1章 配 电 台 区

1.1 验 收 流 程

依据《国网河南省电力公司关于印发配电网工程验收管理办法（试行）的通知》（豫电配电网〔2016〕584号）文件要求，配电台区的主要验收流程包括：隐蔽工程验收、中间验收、单体工程竣工投运验收等环节。由业主项目部组织或受委托组织相关验收工作。

（1）隐蔽工程验收的内容和重点。基础施工和接地网敷设。

（2）中间验收的内容、重点。电杆组立、台架安装、横担安装、配电变压器吊装、低压综合配电箱安装、跌落式熔断器安装、避雷器安装、引线安装、悬挂运行标识和警示标识等，如图1-1所示。

图1-1 配电台区的主要验收流程

（3）单体工程竣工投运验收是由建设管理单位在施工单位三级自检、监理初验合格的基础上，组织运行、设计、监理、施工及物资供应等单位开展单体工程竣工投运验收。重点是检查工程安全质量情况、核实工程量、检查典型设计执行情况、标准化物料的使用情况、标准施工工艺、设计变更情况以及单项工程项目档案。

1.2 验 收 准 备

（1）验收所需准备的器具见表1-1。

表1-1　　　　　　　　　　　　验收所需准备的器具

序号	器具名称
1	接地电阻测试仪
2	卷尺
3	水平尺

续表

序号	器具名称
4	游标卡尺
5	绝缘电阻表
6	万用表
7	数码相机

（2）验收所需准备的资料见表1-2。

表1-2　　　　　　　　　　　验收所需准备的资料

序号	需要准备的资料	序号	需要准备的资料
1	工程项目改造前基本情况	11	工程量核定表（签证表）
2	工程项目改造前示意图	12	工程退补料清单
3	工程项目施工图	13	拆旧物资回收、鉴定、处置文件
4	概（预）算书	14	工程项目竣工基本情况
5	工程项目变更及报审文件	15	工程项目竣工图
6	工程项目"四措一案"	16	工程项目竣工验收申请、验收报告
7	工程项目开（停、复）工报告	17	装箱单、产品合格证、说明书、出厂试验报告、出厂图纸等开箱材料设备文件
8	工程项目隐蔽工程记录	18	工程施工关键阶段、工序照片
9	土建、安装记录	19	隐蔽工程照片
10	调试、试验报告		

1.3 基础施工验收

验收标准

（1）基坑施工前的定位应符合设计要求。

（2）电杆基坑深度应符合设计规定。

（3）底盘应与坑底表面保持水平，底盘安装尺寸误差应符合设计要求，底盘的圆槽面应与电杆中心线垂直。

（4）卡盘安装位置、方向、深度应符合设计要求，安装前应将其下部分的土壤分层回填夯实，与电杆连接的部分应紧密。

（5）基坑回填土时，土块应打碎，每回填300mm应夯实一次；回填土后的电杆基坑宜设置防沉土层。

验收要点

（1）用经纬仪找准地面基准，做出杆位桩、中心桩和两侧方向桩，确定两杆坑的位置，如图 1-2 所示。

杆长 (m)	10.0	12.0	15.0
埋深 (m)	1.9	2.2	2.5

图 1-2　确定两杆坑位置

（2）双杆中心与中心桩之间的横向位移不大于 50mm，顺线路方向误差不大于±30mm，双杆根开 2.5m，迈步不大于 30mm，如图 1-3 所示。

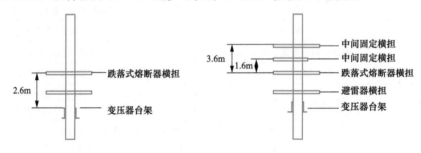

(a) 15m电杆

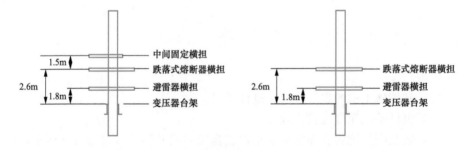

(b) 12m电杆

图 1-3　基础施工尺寸

（3）杆坑开挖应满足深度和工作要求，电杆基础坑深度的允许偏差应为＋100mm、－50mm，如图 1-4 所示。

（4）按设计要求设置底盘（见图 1-5），利用方向桩和吊坠校正底盘中心位置（见图 1-6），找正后及时回填土，夯实底盘表面，并清扫浮土。

图 1-4　12m 杆杆坑开挖应满足深度和工作要求

图 1-5　设置底盘

图 1-6　校正底盘中心位置

（5）在电杆埋深三分之一处设置卡盘（见图 1-7），卡盘上表面距离地面不应小于 600mm，卡盘弧面与电杆应接合紧密。卡盘轴线与根开方向平行（见图 1-8）。

图 1-7　设置卡盘

图 1-8　卡盘轴线与根开方向平行

（6）回填土，每回填 300mm 夯实一次（见图 1-9），回填后留有不小于 300mm 的防沉土层（见图 1-10）。

图 1-9　每回填 300mm 夯实一次　　图 1-10　回填后留有不小于 300mm 的防沉土层

1.4　接地网敷设验收

验收标准

（1）接地沟深度应按设计或规范要求开挖。

（2）垂直接地体采用镀锌角钢，数量不少于四根。接地电阻、跨步电压、接触电压满足 GB/T 50064—2014《交流电气装置的过电压保护和绝缘配合设计规范》要求。

（3）水平接地体一般采用镀锌钢材，腐蚀性较高的地区宜采用铜包钢或石墨。水平接地体埋深不应小于 600mm 且不应接近煤气管道及输水管道。

（4）接地体之间进行焊接，牢固无虚焊。焊接后在防腐层损坏焊痕外 100mm 内再做防腐处理。

（5）接地装置安装完毕回填土前应经过验收，合格后方可进行回填土。

（6）现场接地装置安装完毕后，测量接地电阻，电阻值不大于 4Ω。接地装置的隐蔽部位在验收时提供数码照片。

验收要点

（1）沿配电变压器台架开挖接地装置环形沟槽，接地装置设水平和垂直接地的复合接地网，接地体敷设成围绕变压器的闭合环形，长度和宽度不小于 5000mm，坑深 800mm，坑宽 400mm（见图 1-11）。

（2）接地体之间进行焊接，牢固无虚焊。焊接后在防腐层损坏焊痕外 100mm 内再做防腐处理（见图 1-12）。

（3）回填土内不得夹有石块和建筑垃圾，不得有较强的腐蚀性，如图 1-13 所示。

（4）现场接地装置安装完毕后，测量接地电阻，100kVA 及以下配电变压器电阻值不大于 10Ω，200kVA 及以上电阻值不大于 4Ω，如图 1-14 所示。

图 1-11　开挖接地装置环形沟槽

图 1-12　接地体之间采用焊接连接

图 1-13　回填土

图 1-14　测量接地电阻

1.5　电杆组立验收

验收标准

（1）电杆选用非预应力混凝土电杆，表面应光洁平整，壁厚均匀，无漏筋、偏筋、漏浆、掉块等现象。

（2）电杆杆顶应封堵完好。

（3）采用吊车立杆，电杆吊绳应吊在电杆中心偏上位置。吊臂和地面垂线成 30°夹角。

（4）电杆基坑深度应符合设计规定。

（5）底盘、卡盘安装符合设计要求。

验收要点

（1）杆身应无纵向裂纹，横向裂纹宽度不应大于 0.1mm，长度不允许超过 1/3 周长且 1m 内横向裂纹不超过 3 处，如图 1-15 所示。

（2）电杆吊绳应吊在电杆中心偏上位置。吊臂和地面垂线成 30°夹角，如图 1-16 所示。

图 1-15　杆身验收

电杆中心　　偏上位置
图 1-16　电杆吊装位置

（3）底盘的圆槽面应与电杆中心线垂直，如图 1-17 所示。

（4）卡盘轴线应与根开方向平行（见图 1-18）。

图 1-17　底盘的圆槽面应与电杆中心线垂直

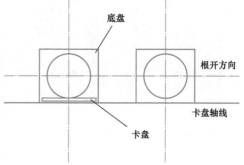
底盘
根开方向
卡盘轴线
卡盘
图 1-18　卡盘轴线应与根开方向平行

1.6　台架安装验收

验收标准

（1）变压器台架托担，宜采用槽钢，槽钢厚度应大于 10mm，并经热镀锌处理。

（2）变压器台架安装符合国家电网有限公司典型设计要求。

（3）变压器台架安装平正。

（4）变压器台架横担使用螺栓固定、托担抱箍支撑。

验收要点

（1）变压器台架安装高度距地面 3.4m，如图 1-19 所示。

（2）用水平尺测量，保证变压器台架平正，如图 1-20 所示。

（3）槽钢水平倾斜不应大于 25m，如图 1-21 所示。

图 1-19　变压器台架安装高度　　　　图 1-20　用水平尺测量

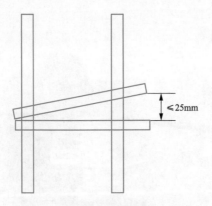

图 1-21　槽钢水平倾斜不应大于 25m

（4）变压器台架横担使用螺栓固定（见图 1-22）、托担抱箍支撑（见图 1-23）。

图 1-22　变压器台架横担使用螺栓固定　　图 1-23　托担抱箍支撑

1.7　横担安装验收

验收标准

（1）横担安装平正，安装偏差应符合 DL/T 601—1996《架空绝缘配电线

路设计技术规程》或设计要求。

（2）线路横担、引线横担、跌落保险横担、避雷器横担安装高度符合《国家电网公司配电网工程典型设计》（以下简称"国网典设"）要求。

（3）螺杆应与构件面垂直，螺头平面与构件间不应有空隙，螺母与横担间应加垫片。

（4）螺栓的穿入方向。水平方向者由内向外（面向受电侧）；垂直方向者由下向上；顺线路方向时，螺栓由送电侧向受电侧穿入。

验收要点

（1）安装杆顶支架和线路横担，螺栓紧固。横担水平倾斜不超过横担长度的2%（见图1-24）。

图1-24　安装杆顶支架和线路横担

（2）横担顺线路方向扭斜不得超过20mm（见图1-25）。

（3）跌落式熔断器横担安装应平正牢固，安装高度距台架2.6m。避雷器横担距台架1.8m（见图1-26）。

（4）12m电杆引线中间固定横担距离跌落式熔断器横担1.5m；15m电杆中间固定横担两条，距离跌落式熔断器横担分别为1.6m和3.6m（见图1-27）。

（5）安装低压出线横担，低压出线横担安装高度12m，电杆距地面7.6m，

15m 电杆距地面 9.6m（见图 1-28、图 1-29）。

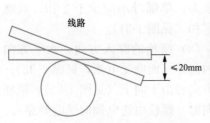

图 1-25　安装杆顶支架和线路横担

图 1-26　跌落式熔断器横担安装

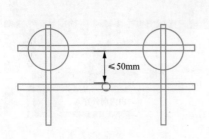

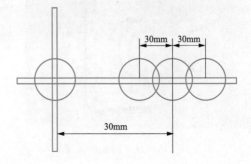

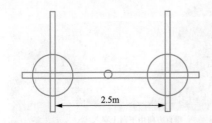

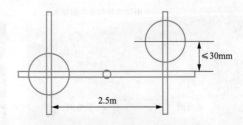

图 1-27　不同高度电杆中间固定横担与跌落式熔断器横担距离

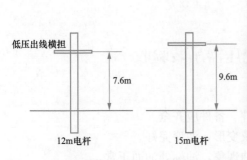

图 1-28　不同高度电杆低压出线横担与地面距离

图 1-29　低压出线横担安装照片

（6）螺杆应与构件面垂直，螺头平面与构件间不应有空隙，螺母与横担间

图1-30　螺栓安装要求

应加垫片（见图1-30）。

（7）螺栓紧好后，螺杆丝扣露出的长度为：单螺母不应少于 2 扣，双螺母可平扣（见图1-31）。

（8）螺栓的穿入方向。水平方向者由内向外（面向受电侧，见图1-32）；垂直方向者由下向上（见图1-33）；顺线路方向时，螺栓由送电侧向受电侧穿入。

图1-31　螺杆丝扣露出的长度

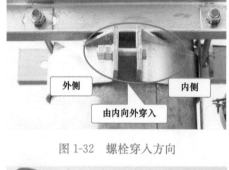

图1-32　螺栓穿入方向

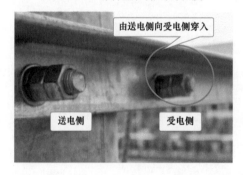

图1-33　螺栓垂直方向穿入

1.8　配电变压器吊装验收

验收标准

（1）变压器应符合设计要求，附件、备件应齐全。

（2）本体及附件外观检查无损伤及变形，油漆完好。

（3）油箱封闭良好，无漏油、渗油现象，油标处油面正常。

（4）压力释放阀应打开。

（5）变压器吊装时，钢丝绳应挂在油箱的吊钩上，上盘的吊环仅作吊芯用，不得用此吊环吊装整台变压器。

（6）变压器安装要符合"国网典设"各项要求。

验收要点

（1）变压器台架确保牢固，才能吊装变压器，吊起的变压器不得在空中长期停留，如图 1-34 所示。

（2）变压器吊装时，应注意保护瓷套管，使其不受损伤。变压器安装后，套管不应有裂纹、破损等现象，如图 1-35 所示。

图 1-34　变压器台架确保牢固，才能吊装变压器　　　图 1-35　注意保护瓷套管

（3）配电变压器在台架上居中安装，采用槽钢固定，固定应牢固可靠（见图 1-36）。

（4）变压器安装后，油位窗口能看到油标（见图 1-37）。

图 1-36　配电变压器采用槽钢　　　　　　图 1-37　变压器安装后，油位
　　　　　固定牢固　　　　　　　　　　　　　　窗口能看到油标

1.9　低压综合配电箱安装验收

验收标准

（1）低压综合配电箱完好，符合设计要求，箱体外壳优先选用 304 不锈钢

材料（厚度不小于 2mm）。

（2）低压综合配电箱内部布线美观，电气配置符合"国网典设"各项要求。

（3）低压综合配电箱应配置带盖通用挂锁，有防止触电的警告并采取可靠的接地和防盗措施。

（4）低压综合配电箱采取悬挂式居中安装，吊装过程平稳，注意保护箱体，使其不受损伤。

验收要点

（1）吊装过程应平稳，注意保护箱体，使其不受损伤（见图 1-38）。

图 1-38　吊装过程应注意保护箱体

（2）低压综合配电箱采取悬挂式居中安装，箱体下平面距离地面不小于 2m（见图 1-39）。

（3）低压综合配电箱电气主接线采用单母线接线，出线 1～3 回。低压综合配电箱内部布线美观，可采用与空气开关加装引流排连接（见图 1-40）。

图 1-39　低压综合配电箱采取悬挂式居中安装　　图 1-40　低压综合配电箱内部布线美观

1.10 跌落式熔断器安装验收

验收标准

（1）跌落式熔断器、熔丝的技术性能、参数符合设计要求。

（2）跌落式熔断器各部分零件完整，安装牢固，绝缘部分良好，熔丝管不应有吸潮膨胀或弯曲现象。

（3）跌落式熔断器水平相间距离不小于500mm，安装牢固。

（4）跌落式熔断器上下引线应压紧、与线路导线的连接应紧密可靠。

（5）容量在100kVA及以下者，熔丝按变压器容量额定电流的2～3倍选择；容量在100kVA以上者，熔丝按变压器容量额定电流的1.5～2倍选择。

图1-41 跌落式熔断器水平相间距离

验收要点

（1）跌落式熔断器水平相间距离不小于500mm（见图1-41）。

（2）跌落式熔断器熔丝管轴线与铅垂线夹角为15°～30°（见图1-42）。

（3）跌落式熔断器应进行试分合操作，转轴光滑灵活，操作时灵活可靠，接触紧密（见图1-43）。

图1-42 跌落式熔断器熔丝管
轴线与铅垂线夹角

图1-43 跌落式熔断器应进行试分合操作

1.11 避雷器安装验收

验收标准

（1）避雷器安装在横担上应固定可靠，螺栓应紧固。

（2）接线端子与引线的连接应可靠。

（3）避雷器安装应垂直、排列整齐、高低一致。

（4）避雷器引下线应可靠接地。

（5）接地线接触应良好。

验收要点

（1）普通型避雷器应安装在靠近变压器侧，安装排列整齐，高低一致，相间距离不小于 350mm（见图 1-44）。

（2）可投切式避雷器应安装在变压器外侧（见图 1-45）。

图 1-44　普通型避雷器应安装在
靠近变压器侧

图 1-45　可投切式避雷器应安装在
变压器外侧

（3）避雷器安装在支架上固定可靠，螺栓应紧固，绝缘部分良好（见图 1-46）。

图 1-46　避雷器安装在支架上固定可靠

1.12　引线安装验收

验收标准

（1）引线导线的选择应符合"国网典设"的各项要求：①跌落式熔断器的上引线采用 JKLYJ-10/50 高压绝缘线；②跌落式熔断器的上引线、避雷器上引线采用 JKRYJ-10/35 高压绝缘线；③接地引线采用 BV-35 布电线。

（2）变压器出线导线的选择符合"国网典设"的各项要求：①容量 200kVA 以下的变压器出线采用 JKTRYJ-1/150 绝缘导线或 ZC-YJV-0.6/1kV-1 * 150 低压电缆；②容量 200kVA 及以上的变压器出线采用 JKTRYJ-1/300 绝缘导线或 ZC-YJV-0.6/1kV-1 * 300 低压电缆。

（3）配电箱低压出线可选择低压绝缘线或低压电缆，应符合设计要求。

（4）跌落式熔断器、避雷器安装牢固，三相引线排列整齐、弧度保持一致，平滑美观。

（5）变压器出线排列整齐，弧度保持一致，固定牢靠。

（6）避雷器引下线采用 BV-35 布电线，将三相避雷器接地端短接。

（7）避雷器引下线应尽量短而直，沿电杆内侧引下，使用不锈钢带绑扎固定。

（8）绝缘导线绑扎线使用截面不小于 2.5mm² 单股铜塑线。

（9）引线与设备连接，不应使设备产生外加应力。

（10）避雷器及跌落式熔断器安装完毕后应加装绝缘罩；变压器高、低压套管接头裸露部分加绝缘罩，引线安装后，应清洁套管。

（11）低压综合配电箱侧面进出线孔均应采取有机防火材料封堵。

（12）低压电缆沿变压器外侧采用电缆抱箍固定，向上引至低压横担，电缆抱箍间隔距离符合"国网典设"的要求。

（13）引线与架空线路连接采用高效节能型接续线夹（安普线夹、C 形线夹、H 形液压线夹或弹射楔形线夹可选）。不同金属连接，应有过渡措施。

验收要点

（1）绝缘导线绑扎线使用截面不小于 2.5mm² 单股铜线绑扎符合"前三后四双十字"工艺标准，绑扎牢固可靠，如图 1-47 所示。

（2）跌落式熔断器上、下桩头进出线采用铜镀锡压接型接线端子，如图 1-48 所示。

（3）避雷器三相引线排列整齐、弧度一致且上引线与避雷器连接，不应使避雷器产生外加应力，如图 1-49 所示。

（4）跌落式熔断器上下引线排列整齐，弧度保持一致，平滑美观且引线与跌落式熔断器连接，不应使避雷器产生外加应力，如图 1-50 所示。

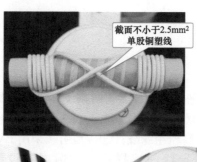

截面不小于2.5mm²
单股铜塑线

图 1-47 绝缘导线绑扎

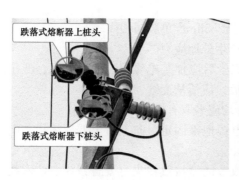

跌落式熔断器上桩头

跌落式熔断器下桩头

图 1-48 跌落式熔断器上、下桩头进出线

高压引线处配置验电接
地环，使用接地线夹连接

上引线与避雷器连接，
不应使避雷器产生外加应力

图 1-49 避雷器三相引线安装

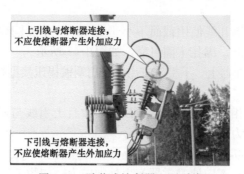

上引线与熔断器连接，
不应使熔断器产生外加应力

下引线与熔断器连接，
不应使熔断器产生外加应力

图 1-50 跌落式熔断器上下引线

（5）避雷器及跌落式熔断器安装完毕后应加装绝缘罩（见图 1-51）。

图 1-51　避雷器及跌落式熔断器安装完毕后应加装绝缘罩

（6）避雷器引下线采用 BV-35 布电线，将三相避雷器接地端短接（见图 1-52）。

（7）变压器高、低压引线相序正确。引线与变压器桩头连接应采用抱杆线夹连接（见图 1-53）。

图 1-52　避雷器引下线将三相避雷器
接地端短接

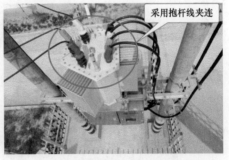

图 1-53　变压器高、低压引线与变压器
桩头连接

（8）变压器一、二次引线不应使变压器的套管直接承受应力（见图 1-54）。

变压器一、二次引线的选择应符合"国网典设"的各项要求；二次引线相间距离不小于 140mm；变压器高、低压套管接头裸露部分加绝缘罩（见图 1-55）。

图 1-54　变压器一、二次引线不应使变压器的套管直接承受应力

图 1-55　变压器一、二次引线的选择要求

（9）低压综合配电箱进出线均应采取有机防火材料封堵（见图 1-56）。

热缩管封堵　　　　　　　　　　　　防火泥封堵

图 1-56　低压综合配电箱进出线封堵

（10）低压电缆沿变压器外侧采用电缆抱箍固定，向上引至低压横担；电缆上下顺直，无碎弯；电缆抱箍间隔距离符合"国网典设"的要求（见图 1-57）。

（11）电缆在支架上固定时应加装绝缘垫层，电缆支架抱箍安装的松紧度应适中（见图 1-58）。

12m电杆　　　　　　　　　　　　　　　15m电杆

图 1-57　低压电缆采用电缆抱箍固定

　　（12）引线与架空线路连接采用高效节能型接续线夹（安普线夹、C 形线夹、H 形液压线夹或弹射楔形线夹可选）；采用双线夹固定，间隔 15～20cm，高压引下线三相连接接头方向应一致且全部朝向电源侧；不同金属连接，应有过渡措施（见图 1-59）。

图 1-58　电缆在支架上固定时应加装绝缘垫层　　　图 1-59　高效节能型接续线夹

1.13　标志标识安装验收

验收标准

（1）警示标识、运行标识设置应符合 Q/GDW434 规范要求。

（2）"禁止攀登，高压危险"标识悬挂在配电变压器台架两侧电杆上。

（3）运行标识安装在台架正面。

（4）电杆下部距地面 300mm 以上涂刷或粘贴防撞警示标识。

验收要点

（1）在台架两侧电杆上安装"禁止攀登，高压危险"警示牌，尺寸为300mm×240mm，警示牌为长方形，衬底色为白色，带斜杠的圆边框为红色，标识符号为黑色，辅助标识为红底白字、黑体字，字号根据标识牌尺寸、字数调整（见图1-60）。

图1-60 在台架两侧电杆上安装"禁止攀登，高压危险"警示牌

（2）在台架正面右侧的变压器托担上安装配电变压器运行牌，尺寸为300mm×240mm（不带框），白底红色黑体字，字号根据标识牌尺寸、字数调整；安装上沿与变压器托担上沿对齐，并用钢带固定在托担上（见图1-61）。

（3）电杆下部距地面300mm以上涂刷或粘贴防撞警示标识，警示标识为黑黄相间，高1.2m（见图1-62）。

图1-61 在台架正面右侧的变压器托担上安装配电变压器运行牌

图1-62 电杆下部距地面300mm以上涂刷或粘贴防撞警示标识

第2章 架 空 线 路

2.1 基 础 施 工 验 收

2.1.1 基坑定位验收

验收标准

基坑施工前的定位应符合下列规定：

（1）直线杆。顺线路方向位移不应超过设计档距的3‰，垂直线路方向不应超过50mm。

（2）转角杆、分支杆的横线路。顺线路方向位移不应超过50mm。

（3）当遇有地下管线等障碍物不能满足上述横线路方向位移要求时，位移在不超过一个杆根时，可采取加卡盘或拉线盘等补强措施；当位移超过一个杆根时，应通过设计人员重新定位杆位。

验收要点

（1）根据施工图纸使用GPS定位仪进行分坑复测，确定电杆及拉线基坑位置（见图2-1）。

图2-1 分坑复测

（2）直线杆顺线路方向位移不应超过设计档距的 3%（见图 2-2）。

（3）直线杆横线路方向位移不大于 50mm（见图 2-3）。

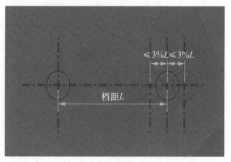

图 2-2　直线杆顺线路方向位移标准　　　　图 2-3　直线杆横线路方向位移标准

（4）转角、耐张杆的横线路、顺线路方向的位移不大于 50mm（见图 2-4）。

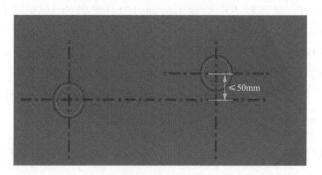

图 2-4　转角、耐张杆的横线路、顺线路方向方向位移标准

2.1.2　基坑开挖验收

（1）电杆基础坑深度应符合设计规定。电杆埋设深度在设计未作规定时按表 2-1 所列数值。

表 2-1　　　　　　　　电杆埋设深度在设计未作规定时的数值

10kV 水泥杆埋设深度（不含底盘厚度）（m）			
杆型	杆高		
	12	15	18
直线水泥杆	1.9	2.3	2.8
无拉线转角水泥杆	1.9	2.5	2.8
多回路水泥单杆	—	2.5	2.8
水泥双杆	1.9	2.3	2.8
台区杆	2.2	2.5	—

注　原则上不允许使用 10m 杆。

（2）遇有土松软、流沙、地下水位较高等情况时，应采取加固杆基措施（如加卡盘、人字拉线或浇筑混凝土基础等），遇有水流冲刷地带宜加围桩或围台。

验收要点

（1）堆土距坑口边沿不小于 800mm。堆土高度不大于 1500mm（见图 2-5）。

（2）杆坑开挖应满足深度和工作要求，电杆基础坑深度的允许偏差应为 +100mm、-50mm（见图 2-6）。

图 2-5　堆土边沿、高度要求　　　　图 2-6　电杆基础坑深度要求

（3）除经设计充分论证不需加装的情况外，10kV 线路水泥杆均应加装底盘、卡盘，杆坑宽度不应小于卡盘长度加 200mm（见图 2-7）。

（4）拉线坑底部应设有斜坡，拉线棒出口处应设有马道，宽度不小于 400mm，确保坑底坡度与拉线棒垂直（见图 2-8）。

图 2-7　电杆基础坑宽度要求　　　　图 2-8　拉线坑基要求

2.2 电杆组立验收

2.2.1 底盘安装验收

验收标准

基坑底使用底盘时，坑底表面应保持水平，底盘安装尺寸误差应符合设计

要求。底盘的圆槽面应与电杆中心线垂直，找正后应填土夯实至底盘表面。底盘安装允许偏差，应使电杆组立后满足电杆允许偏差规定。

1）双杆两底盘中心的根开误差不应超过30mm。

2）双杆的两杆坑深度差不应超过20mm。

验收要点

（1）底盘安装前应使用画规在底盘上画出底盘中心位置（见图2-9）。

（2）利用方向桩和吊锥校正底盘中心位置，保证底盘水平，四周夯实（见图2-10）。

图2-9 底盘中心位置确定　　　　图2-10 底盘安装要求

2.2.2 电杆组立验收

验收标准

（1）汽车起重机立杆法立杆时，应符合下列规定：①汽车开到距基坑口适当位置，一般起吊时，吊臂和地面的垂线成30°夹角；②将吊点置于电杆的重心偏上处，进行吊立电杆，当杆顶吊离地约0.8m时，应对电杆进行一次冲击试验，对各受力点处做一次全面检查，确定无问题后再继续起立；③杆塔起立70°后，应减缓速度，注意各侧拉线；起立80°时，停止牵引，用临时拉线调整杆塔。电杆起立后，应及时调整杆位，使其符合立杆质量的要求，然后进行回填土。在回填夯实并确保杆身稳固后松开起吊绳索。

（2）电杆基础采用卡盘时，应符合下列规定：①当设计无要求时，其上平面距地表面不应小于600mm；②直线杆：卡盘应与线路平行并应在线路电杆左、右侧交替埋设；③承力杆：卡盘埋设在承力侧；④深度允许偏差为±50mm。

（3）电杆立好后，应符合下列规定：①直线杆的横向位移不应大于50mm，电杆的倾斜不应使杆梢的位移大于杆梢直径的1/2；②转角杆应向外角预偏，紧线后不应向内角倾斜，向外角的倾斜不应使杆梢位移大于杆梢直径；③终端杆应向拉线侧预偏，紧线后不应向拉线反方向倾斜，拉线侧倾斜不应使杆梢位移大于杆梢直径；④回填土每升高 300mm 夯实一次，防沉土台高出地面 300mm；⑤双杆立好后应正直，位置偏差不应超过下列规定数值：双杆中心与中心桩之间的横向位移：50mm；迈步：30mm；两杆高低差：20mm；根开：±30mm。

验收要点

（1）立杆时，吊车应有专人指挥，电杆一般起吊时，吊臂和铅垂线成 30° 夹角（见图 2-11）。

（2）在电杆离地面 2m 时，方可由指定人员协助将电杆放入杆坑（见图 2-12）。

图 2-11　起吊要求　　　　　　　　图 2-12　电杆入坑要求

（3）回填土内垃圾应清除，每 300mm 夯实一次（见图 2-13）。

（4）基坑回填距地面 800mm 时，平整夯实完成后安装卡盘。上表面距地面 600mm，将螺帽上紧，使卡盘与电杆紧密接触（见图 2-14）。

图 2-13　回填土夯实要求　　　　　图 2-14　卡盘安装高度要求

（5）直线杆顺线路方向左右交错安装，承力杆安装在受力侧（见图 2-15）。

（6）杆缝顺线路方向（见图 2-16）。

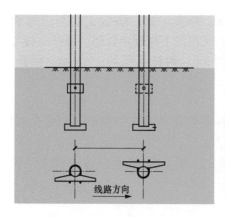

图 2-15　卡盘安装方向要求

图 2-16　杆缝方向要求

（7）电杆 3m 线标识统一面向巡视侧（见图 2-17）。

图 2-17　3m 线标识方向要求

（8）电杆基坑应设置防沉土层，高度为 300mm（见图 2-18）。

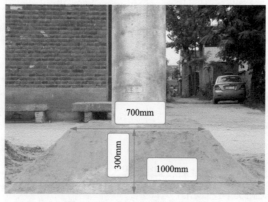

图 2-18　防沉土层施工要求

（9）直线杆的顺线路位移不大于设计档距的 3%。转角杆的横、顺线路位移均不大于 50mm（见图 2-19）。

（10）直线杆的横向位移不大于 50mm。直线杆杆梢的位移不大于杆梢直径的 1/2。终端杆、转角杆组立完成后，应向拉线侧预偏，其预偏值不应大于杆梢直径，紧线后不应向受力侧倾斜（见图 2-20）。

图 2-19　水泥杆顺线路位移要求　　　　图 2-20　杆横向位移要求

2.3　金具安装验收

2.3.1　横担安装验收

验收标准

（1）架空线路所采用的铁横担、铁附件均应热镀锌，横担安装应满足下列要求：①直线杆单横担应装于受电侧；②90°转角杆及终端杆应安装耐张双横担（不应使用单横担），转角杆应装在合力位置方向。

（2）横担安装应平整，安装偏差不应超过下列规定数值：①横担端部上下歪斜不超过 20mm；②横担端部左右扭斜不超过 20mm；③双杆横担与电杆连接处的高差不大于连接距离的 5/1000，左右扭斜不大于横担长度的 1/100。

（3）导线为水平排列时，上层横担距杆顶距离不宜小于 200mm。

（4）以螺栓连接的构件应符合下列规定：①螺杆应与构件面垂直，螺头平面与构件间不应有空隙；②螺栓紧好后，螺杆丝扣露出的长度为单螺母不应小于 2 扣，双螺母可平扣；③必须加垫圈者，每端垫圈不应超过 2 个。

（5）螺栓的穿入方向应符合下列规定：

1）立体结构：①水平方向者由内向外；②垂直方向者由下向上。

2）平面结构：①顺线路方向者，双面构件由内向外，单面构件由送电侧向受电侧；②横线路方向者，两侧由内向外，中间由左向右（面向受电侧）；③垂直方向者，由下而上。

（6）同杆架设的多回路线路，横担间的最小垂直距离见表 2-2。

表 2-2 同杆架设多回路线路横担间的最小垂直距离 （m）

架设方式	直线杆		分支或转角杆	
	裸导线	绝缘线	裸导线	绝缘线
10kV 与 10kV	0.8	0.5	0.45/0.6	0.5
10kV 与 0.4kV	1.2	1	1	1
0.4kV 与 0.4kV	0.6	0.3	0.3	0.3

验收要点

（1）横担安装应平正，横担端部上下歪斜不大于 20mm，左右扭斜不大于 20mm。双杆横担与电杆连接处的高差不大于连接距离的 5/1000，左右扭斜不大于横担长度的 1/100（见图 2-21）。

图 2-21 横担安装要求

（2）直线杆横担应装于受电侧，与线路方向垂直；直线担应距杆顶 1000mm，横担安装平正、牢固（见图 2-22）。

（3）杆顶绝缘子架安装在受电侧，下沿距杆顶 350mm（见图 2-23）。

图 2-22 直线杆横担
　　　　安装要求

图 2-23 直线杆杆顶绝缘子架
　　　　安装要求

（4）杆顶绝缘子架螺栓由供电侧穿向受电侧，采用"两平一弹"单螺母安装（见图 2-24）。

（5）柱式绝缘子采用"一平一弹"单螺母安装，弹簧垫片应紧平（见图 2-25）。

图 2-24 直线杆杆顶瓷架螺栓
　　　　安装要求

图 2-25 柱式绝缘子安装要求

（6）耐张横担中导线抱箍下沿距杆顶 150mm；抱箍螺栓面向受电侧由左向右穿入，采用"两平一弹"单螺母安装（见图 2-26）。

（7）连板固定螺栓长度一致，由下向上穿入，耐张横担上面距杆顶 1000mm（见图 2-27）。

图 2-26 耐张横担安装要求

图 2-27 连板固定螺栓安装要求

（8）双支持杆顶绝缘子架安装，下沿距杆顶350mm，螺栓由供电侧向受电侧穿入，横担距杆顶1000mm（见图2-28）。

图 2-28 双支持杆顶绝缘子架安装要求

（9）转角杆上层横担距杆顶1050mm，两层耐张担间距450mm。杆顶加装杆顶绝缘子架及跳线绝缘子（见图2-29）。

（10）双回路或四回路宜优先选用垂直排列方式，上层横担距杆顶150mm，横担间距为900mm（见图2-30）。

2.3.2 接线金具安装验收

验收标准

拉线安装应符合下列规定：

（1）拉线应采用专用的拉线抱箍，拉线抱箍一般装设在相对应的横担下方，距横担中线100mm处。

图 2-29　转角杆横担安装要求　　　　图 2-30　多回路直线横担安装要求

（2）拉线的收紧应采用紧线器进行。

（3）拉线底把应采用热镀锌拉线棒，安全系数不小于 3，最小直径不应小于 16mm。

（4）拉线地锚必须安装在地面或现浇混凝土构件上（梁、柱），安装在墙上的必须做防锈处理。拉线地锚应埋设端正，不得有偏斜。地锚的拉线盘与拉线垂直。

（5）同一方向多层拉线的拉锚应不共点，保证有两个或两个以上拉锚。

（6）拉线与电杆的夹角不宜小于 45°，当受地形限制时，不应小于 30°。

（7）终端杆的拉线及耐张杆承力拉线应与线路方向对正，分角拉线应与线路分角线方向对正，防风拉线应与线路方向垂直。

（8）拉线穿过公路时，对路面中心的距离不应小于 6m 且对路面的最小距离不应小于 4.5m。

（9）埋设拉线盘的拉线坑应有滑坡（马道），回填土应将土块打碎后夯实，回填土应有防沉土台，拉线棒与拉线盘应垂直，连接处应采用双螺母，其外露地面部分应为 500～700mm。

（10）拉线中间应加装绝缘子，拉线绝缘子安装后应与上把拉线抱箍保持 3m 距离，绝缘子在断拉线的时候，距地高度不小于 2.5m。

验收要点

（1）10kV 单回线路采用三角排列时，需用 V 形拉线，利用 U 形环将拉线棒安装在拉盘上。采用 1 个拉盘，两个 U 形环，两根拉线棒的 V 形拉（见图 2-31）。

（2）校正拉线盘方向，使

图 2-31　拉线安装要求

拉线棒与拉盘表面垂直（见图 2-32）。

（3）拉线棒露出地面，拉环与地面垂直，长度应控制在 500～700mm（见图 2-33）。

图 2-32　拉线盘安装要求　　　　图 2-33　拉线棒安装要求

（4）不同拉线棒埋深长度见表 2-3。

表 2-3　　　　　　　　　　　不同拉线棒拉盘埋深长度

序号	拉线棒	拉盘埋深（m）	适用拉线型号
1	拉线棒，ϕ16，2000mm，双耳	1.2	GJ-50
2	拉线棒，ϕ18，2000mm，双耳	1.2	GJ-50
3	拉线棒，ϕ18，2500mm，双耳	1.7	GJ-50
4	拉线棒，ϕ20，2500mm，双耳	1.7	GJ-50
5	拉线棒，ϕ22，2500mm，双耳	1.7	GJ-80
6	拉线棒，ϕ24，2500mm，单耳	1.7	GJ-100
7	拉线棒，ϕ24，3000mm，单耳	2.2	GJ-100

（5）回填土并夯实，应在基坑正上方设 T 形防沉土台，培土高度应超出地面 300mm（见图 2-34、图 2-35）。

图 2-34　拉线防沉土台要求（一）　　　图 2-35　拉线防沉土台要求（二）

（6）V 形拉线抱箍应分别安装在中导线抱箍和线路耐张横担下方 100mm 处，不得和中导线共用一个抱箍。

（7）拉线抱箍螺栓穿向为面向受电侧，从左向右穿入（见图 2-36）。

图 2-36　拉线抱箍螺栓要求

（8）钢绞线尾线由线夹的凸肚侧穿出，开口销安装完毕后应向外掰开 30°～60°，楔形线夹舌板与拉线接触应吻合紧密（见图 2-37）。

（9）当拉线上把尾线使用钢线卡子紧固时，每个锲形线夹配两个钢线卡子，间距为 150mm，线卡后露出 50mm。两个钢线卡子穿向一致，均为从尾线侧向主线侧穿入（见图 2-38）。

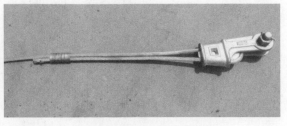

图 2-37　钢绞线尾线要求　　　　　图 2-38　拉线上把尾线要求

（10）当拉线上把尾线使用铁丝紧固时，尾线在距线头 50mm 处绑扎，绑扎长度应为 50～80mm（见图 2-39）。

（11）拉紧绝缘子与上端拉线抱箍距离长 3m；在拉线断开后，拉紧绝缘子对地距离大于 2.5m（见图 2-40）。

（12）UT 型线夹的双螺母应拧紧并牢靠，线夹凸肚向下（见图 2-41）。

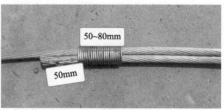

要求一　　　　　　　　　　　　　　　　　　要求二

图 2-39　拉线上把尾线绑扎要求

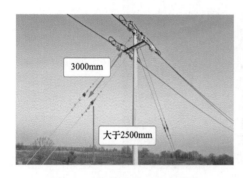

图 2-40　拉紧绝缘子安装要求　　　　　图 2-41　UT 型线夹安装要求

（13）外露螺栓长度一般为 20～50mm（见图 2-42）。

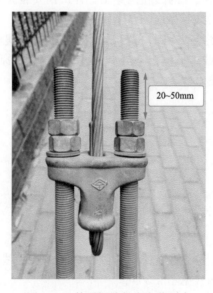

图 2-42　外露螺栓长度安装要求

（14）拉线尾线在距线头 50mm 处绑扎，绑扎长度应为 50～80mm，使用 12 号热镀锌铁丝绑扎（见图 2-43）。

（15）拉线安装完毕后，宜安装拉线反光警示标识。拉线保护套的颜色应为黄黑（禁止使用红白）。拉线保护套顶部距地面的垂直距离不小于 2m。拉线夹角宜为 45°，若受地形限制，应不大于 60°、不小于 30°（见图 2-44）。

图 2-43　拉线尾线绑扎要求　　　　　　　图 2-44　拉线保护套要求

2.4　导线架设验收

2.4.1　导线展放验收

验收标准

（1）导线型号、规格应符合设计要求。

（2）导线展放时，应清理线路走廊内的障碍物，满足架线施工要求。跨越架与被跨越物、带电体间的最小距离应符合规定。

（3）导线不应有松股、交叉、折叠、断裂及破损等缺陷，不应有严重腐蚀现象，钢绞线、镀锌铁线表面镀锌层应良好，无锈蚀。

（4）绝缘线的绝缘层应紧密挤包，目测同心度应无较大偏差，表面平整圆滑，色泽均匀，无尖角、颗粒，无烧焦痕迹，端部应有密封措施。

（5）放线前应先制订放线计划，合理分配放线段。根据地形适当增加放线段内的放线长度。

（6）根据放线计划，将导线线盘运到指定地点，应设专人看守，并具备有效制动措施。临近带电线路施工线盘应可靠接地。

验收要点

（1）导线展放时，应清理线路走廊内的障碍物，满足架线施工要求。按安全文明生产相关规定，设置现场围栏围挡、警示标识等安全措施，安排专人统一指挥（见图 2-45）。

（2）放线装置位置承载力满足相关要求，支架轴杠应水平，确保放线装置牢固可靠并具备有效制动措施，应设专人看守。出线端应从线轴上方抽出（见图 2-46）。

图 2-45　准备工作要求　　　　　　图 2-46　放线装置要求

（3）根据施工方案、现场勘查结果确定放线方式，检查导线的外观无异常，绝缘线宜采用网套牵引（见图 2-47）。

（4）人力牵引导线放线时，拉线人员之间应保持适当距离。领线人员应对准前方，随时注意信号。牵引过程中应保持牵引平稳。导线不应拖地，各相导线之间不得交叉。牵引时应在首、末、中间派人观察，及时发现导线掉槽、滑轮卡滞等故障，发现异常情况后及时用对讲机联系（见图 2-48）。

图 2-47　绝缘线宜采用网套牵引　　　图 2-48　人工放线要求

（5）将牵引绳分段运至施工段内各处，使其依次通过放线滑车。固定机械牵引所用牵引绳，应为无捻或少捻钢丝绳。牵引绳之间用旋转连接器或抗弯连接器连接贯通。旋转连接器不能进牵引机械卷筒。用机械卷回牵引绳，拖动架空导线展放。牵引钢丝绳与导线连接的接头通过滑车时，牵引速度每分钟不宜超过 20m。牵引时应在首、末、中间派人观察，及时发现导线掉槽、滑轮卡滞等故障，发现异常情况后及时用对讲机联系（见图 2-49）。

图 2-49　机械放线要求

2.4.2 紧线验收

验收标准

（1）紧线施工应在全紧线段内的杆塔全部检查合格后方可进行。

（2）绝缘子、拉紧线夹安装前应进行外观检查，并确认符合要求。

（3）导线的弧垂值应符合设计数值。

（4）紧线顺序。导线三角排列，宜先紧两边线，后紧中线；导线水平排列，宜先紧中导线，后紧两边导线；导线垂直排列，宜先紧上导线，后紧中、下导线。

（5）绝缘线展放中不应损伤导线的绝缘层和出现扭、弯等现象，接头应符合相关规定，破口处应进行绝缘处理。

（6）紧线时，应使用网套或面接触的卡线器，并在裸导线上缠绕铝包带，在绝缘线上缠绕塑料或橡皮包带，防止卡伤导线或绝缘层。

（7）绝缘线的安装弛度按设计给定值确定，可用弛度板或其他器件进行观测。绝缘线紧好后，弧垂的误差不应超过设计弧垂的 -5% 或 $+10\%$，同档内各相导线的弛度应力求一致，施工误差不超过 $\pm50\text{mm}$。

（8）导线紧好后，线上不应有任何杂物。

验收要点

（1）导线三角排列。宜先紧两边线，后紧中线；导线水平排列，宜先紧中导线，后紧两边导线；导线垂直排列，宜先紧上导线，后紧中、下导线（见图 2-50）。

（2）三相导线弛度误差不得超过 -5% 或 $+10\%$，一般档距内弛度相差不宜超过 50mm（见图 2-51）。

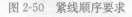

图 2-50 紧线顺序要求

图 2-51 导线弛度误差要求

2.4.3 导线固定验收

验收标准

采用绝缘子（常规型）架设方式时导线的固定应满足下列要求：

（1）导线的固定应牢固、可靠。绑线绑扎应符合"前三后四双十字"的工艺标准，绝缘子底部要加装弹簧垫。

（2）中压线路直线杆宜采用柱式绝缘子，耐张杆宜采用悬式绝缘子。

（3）裸铝导线在绝缘子或线夹上固定应缠绕铝包带，缠绕长度应超出接触部分 30mm。铝包带的缠绕方向应与外层线股的绞制方向一致。

（4）绝缘导线在绝缘子或线夹上固定应用绝缘自粘带缠绕，缠绕长度应超过接触部分 30mm，缠绕绑线应采用不小于 2.5mm 的单股塑铜线。

（5）严禁使用裸导线绑扎绝缘导线。裸铝导线在绝缘子或线夹上固定应缠绕铝包带，缠绕长度应超出接触部分 30mm，铝包带的缠绕方向应与外层线股的绞制方向一致。裸导线应采用与导线同金属的单股线进行绑扎，其直径不应小于 2.0mm。

（6）低压绝缘线直线杆采用低压柱式绝缘子；沿墙敷设时，可用预埋件或膨胀螺栓及低压蝶式绝缘子，预埋件或膨胀螺栓的间距以 6m 为宜。

（7）低压绝缘线耐张杆或沿墙敷设的终端采用有绝缘衬垫的耐张线夹，不需剥离绝缘层，也可采用一片悬式绝缘子与耐张线夹或低压蝶式绝缘子。

（8）柱式绝缘子的绑扎。

1）直线杆采用顶槽绑扎法。

2）直线转角杆采用边槽绑扎法，绑扎在线路外角侧的边槽上。

3）对瓷横担绝缘子导线应固定在第一裙内。

4）直线跨越杆导线应双固定，导线本体不应在固定处出现角度。

5）蝶式绝缘子采用边槽绑扎法。

（9）裸导线宜使用节能型耐张线夹固定，当使用螺栓式耐张线夹时，握着力不小于原导线破断力的 90%。绝缘导线宜使用有绝缘衬垫的耐张线夹固定，有绝缘衬垫的耐张线夹不用剥除绝缘层；没有绝缘衬垫的耐张线夹内的绝缘线宜剥去绝缘层，其长度和线夹等长，误差不大于 5mm。裸露的铝线芯应缠绕铝包带，耐张线夹和悬式绝缘子的球头应安装专用绝缘护罩罩好。

验收要点

（1）JKLYJ-10-120 及以下导线缠绕绑线应采用不小于 2.5mm^2 的单股塑铜线（见图 2-52）。

图 2-52　JKLYJ-10-120 及以下导线缠绕绑线要求

（2）JKLYJ-10-120 以上导线缠绕绑线应采用不小于 $4mm^2$ 的单股塑铜线；按相序分为红绿黄三种颜色，缠绕绑线严禁使用裸导线（见图 2-53）。

图 2-53　JKLYJ-10-120 以上导线缠绕绑线要求

（3）直线杆采用柱式绝缘子固定导线，绝缘导线在绝缘子上固定应先用绝缘自粘带拉伸 200％，重叠 1/2 缠绕两层；再用相色 PVC 胶带重叠 1/2 缠绕两层，绑扎时缠绕长度应超过接触部分两侧各 30mm；再使用绑扎线绑扎（见图 2-54）。

（4）绑线绑扎应符合"前三后四双十字"的工艺标准。"前三"是指—绝缘子瓶颈缠绕"三圈"后在绝缘子外侧中心交叉拧 2～3 个绞绕后拧一小辫收尾。"后四"是指—绝缘子瓶颈缠绕"四圈"（见图 2-55）。

图 2-54　直线杆固定要求

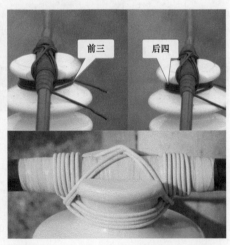

图 2-55　"前三后四双十字"绑扎要求

（5）终端杆导线采用耐张串固定（见图 2-56）。

（6）直角挂板螺栓从上向下穿入，悬式绝缘子弹簧销从上向下穿，悬式大口朝上（见图 2-57）。

（7）碗头挂板开口向上，开口销安装完毕后应向外掰开 30°～60°；耐张线夹开口向下，尾线上翻（见图 2-58）。

（8）绝缘导线终端头要进行绝缘封堵（见图 2-59）。

（9）NXJG 型楔形线夹，不需剥皮安装，耐张线夹尾部后留 1100mm 尾线（见图 2-60）。

（10）在耐张线夹前200mm处绑扎回头，弧高250～300mm。绑扎线绑扎50mm，引线绑扎后留取100mm，引线要与主线并行（见图2-61）。

图 2-56　终端杆导线固定

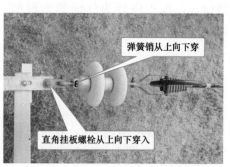

图 2-57　螺栓、弹簧销穿向要求

图 2-58　碗头挂板、耐张线夹开口
方向要求

图 2-59　绝缘导线终端头绝缘
封堵要求

图 2-60　NXJG型楔形线夹要求（一）

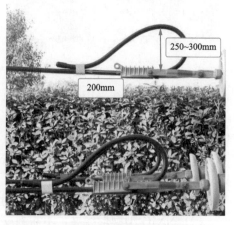

图 2-61　NXJG型楔形线夹要求（二）

（11）NXL 型楔形线夹需进行剥皮安装，两端做绝缘防水处理（见图 2-62）。

（12）导线与线夹接触部分需缠绕铝包带（见图 2-63）。

图 2-62 NXL 型楔形线夹　　　　　图 2-63 NXL 型楔形线夹接触部分
　　　　施工要求　　　　　　　　　　　　　　需缠绕铝包带

（13）固定好导线后需加装绝缘护罩，尾线做回头绑扎（见图 2-64）。

（14）绝缘线路应根据停电工作接地点的需要，在线路的首、末端前一基直线杆上装设验电接地挂环。边相验电接地环的安装点距固定点 600mm；中相验电接地环的安装点距固定点 800mm，安装后挂环应垂直向下（见图 2-65）。

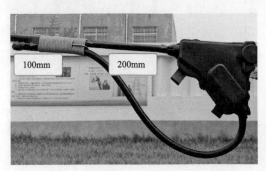

图 2-64 NXL 型楔形线夹加装绝缘护罩，　图 2-65 接地挂环安装要求
　　　　尾线做回头绑扎要求

2.5 柱 上 设 备 验 收

2.5.1 柱上断路器验收

验收标准

（1）柱上负荷开关和断路器的安装应符合下列规定（安装图见图 2-66）：

1）安装牢固可靠，水平倾斜不大于托架长度的 1/100。

2）柱上断路器安装在支架上应固定可靠。

3）接线端子与引线的连接应采用线夹，如有铜铝连接时应有过渡措施。

4）SF$_6$压力值或真空度应符合产品要求。

5）绝缘子良好、外壳干净，不应有渗漏现象。

6）操作机构应灵活，分合动作正确可靠，指示清晰。

7）外壳应可靠接地，接地电阻值符合规定。

8）带保护开关应注意安装方向，电压互感器应装在电源侧。

9）引线连接紧密，引线相间距离不小于 300mm，对地距离不小于 200mm。

10）单杆断路器应安装在直线耐张处，采用顺线路正装方式。

（2）隔离担和上层耐张担距离 800mm（见图 2-67）。

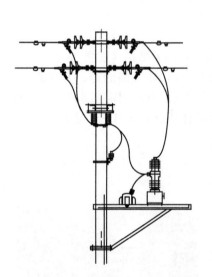 

图 2-66 单杆柱上断路器安装图　　　　图 2-67 横担垂直距离要求

（3）柱上断路器支架距隔离开关横担 2m（见图 2-68）。

图 2-68 横担垂直距离要求

（4）联络开关采用双杆固定，两杆之间根开 2.5m，双杆顶之间采用水平拉线连接（见图 2-69、图 2-70）。

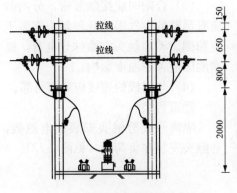 

图 2-69　双杆柱上断路器安装图　　　图 2-70　双杆柱上断路器

（5）引线连接使用铜镀锡接线端子，引线连接应紧密，引线相间距离不小于 300mm，对地（钢构架）距离不小于 200mm。电压互感器安装在支架上应稳固，螺栓应拧紧（见图 2-71）。

（6）控制箱安装距地面 3m，便于操作，与构件连接应可靠，螺栓应拧紧（见图 2-72）。

图 2-71　双杆柱上断路器安装要求　　图 2-72　控制箱安装要求

2.5.2　柱上隔离开关验收

验收标准

（1）绝缘子瓷件（复合套管）外观应良好、干净。安装牢固，安装间距应不小于 500mm。引线连接紧密，引线相间距离不小于 300mm，对地距离不小于 200mm。

图 2-73 隔离开关安装要求

（2）操作机构应灵活，分合动作正确可靠，指示清晰。

（3）合闸时应接触紧密，分闸时应有足够的空气间隙且静触头安装于电源侧。动静触头宜涂抹导电膏，极寒地区应考虑温度影响。

（4）与引线的连接应紧密可靠。

验收要点

隔离开关静触头安装在电源侧，动触头安装在负荷侧（见图 2-73）。

2.5.3 跌落式熔断器验收

验收标准

（1）各部分零件完整、安装牢固。

（2）转轴光滑灵活、铸件不应有裂纹、砂眼。

（3）绝缘子良好，熔丝管不应有吸潮膨胀或弯曲现象。

（4）熔断器安装牢固、排列整齐、高低一致，熔管轴线与地面的垂线夹角为 $15°\sim30°$。

（5）机构动作灵活可靠，接触紧密。

（6）接线端子与引线的连接应采用线夹，如有铜铝连接时应有过渡措施。

（7）引线连接紧密，引线相间距离不小于 300mm，对地距离不小于 200mm。

（8）上下引线应压紧，与线路导线的连接应紧密可靠。

验收要点

（1）跌落式熔断器安装在支架上应固定可靠，操作应灵活，接触紧密，合熔丝管时上触头应有一定的压缩行程（见图 2-74）。

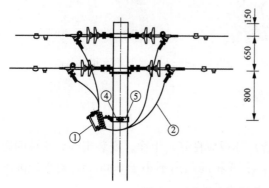
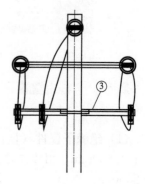

图 2-74 跌落式熔断器安装图

（2）跌落式熔断器对地距离不小于 5m。熔丝轴线与地面的垂线夹角为 15°～30°（见图 2-75）。

（3）跌落式熔断器横担距 10kV 耐张担 800mm，跌落式熔断器水平相间距离应不小于 500mm（见图 2-76）。

图 2-75　跌落式熔断器安装要求，引流线应固定　　图 2-76　跌落式横担安装要求（图片中引流线应固定）

2.5.4　柱上避雷器验收

验收标准

（1）安装牢固，排列整齐，高低一致。

（2）引下线应短而直，连接紧密，采用绝缘线，其截面应不小于：

上引线：铜线 16mm²，铝线 25mm²。

下引线：铜线 25mm²，铝线 35mm²。

（3）与电气部分连接，不应使避雷器产生外加应力。

（4）引下线应可靠接地，接地电阻值应符合规定。

（5）杆上避雷器的安装间距不小于 350mm。

（6）采用带脱扣器的避雷器时，脱落部分应与带电部分保持足够的安全距离。

（7）普通避雷器必须垂直安装，倾斜角不应大于 15°，倾斜度小于 2%。引下线接地要可靠，接地电阻值不大于 10Ω。

验收要点

（1）避雷器横担距 10kV 直线横担 800mm。线路防雷采用带间隙的氧化锌避雷器，每三基杆安装一组并可靠接地，排列整齐，高低一致。避雷器的带电部分与相邻导线或金属架的距离不应小于 350mm（见图 2-77）。

（2）避雷器上引线应采用 10kV 绝缘线，与导线紧密接触部分不应小于 100mm，引线间距不小于 300mm，对地距离不小于 200mm（见图 2-78）。

图 2-77 避雷器横担安装要求，
（图片中引流线应固定）

图 2-78 避雷器上引线
安装要求

（3）柱上断路器、隔离开关、电缆引下线等需加装不带间隙的氧化锌避雷器并接地，避雷器横担距隔离开关横担 1000mm（见图 2-79）。

（4）避雷器引线使用液压线夹与开关引流线连接，严禁从设备接线柱上连接（见图 2-80）。

图 2-79 横担间距安装要求

图 2-80 避雷器引线连接安装要求

（5）接地扁铁距地面 2.0m 范围内喷涂黄绿漆标识，喷涂黄绿漆的间隔为 100mm，自上而下，先黄后绿（见图 2-81）。

图 2-81 接地扁铁喷漆要求

2.6 标识牌安装

验收标准

（1）架空配电线路相序标识采用黄、绿、红三色表示 A、B、C 相。

（2）0.4kV 架空配电线路相序宜用黄、绿、红、淡蓝四色表示 A、B、C 及 N 相（中性线）。

（3）应在配电室或配电变压器出口第一基杆、分支杆、耐张杆、转角杆等均应安装相序牌。

（4）每条线路在变电站出线的第一基杆塔、分支杆、45°以上的转角杆均应安装相序牌。

（5）耐张型杆塔、分支杆塔和换位杆塔前后各一基杆塔上，应有明显的相位标识。

（6）电缆为单相时，应注明相别标识。

（7）杆号牌采用铝板制作，推荐采用热转印打印粘贴、腐蚀、丝网印刷工艺，不允许采用搪瓷牌。标识牌应柔软、韧性好、不断裂、不变色，四边打孔用宽 10mm，从不低于 1200mm 的不锈钢闭锁式扎带穿过。

（8）标识牌应具有防水、防腐、耐候功能。

验收要点

（1）杆号牌为矩形，长 320mm、宽 260mm，白底，红色黑体字。高度不低于 3m；标识牌应在距离杆根地面垂直高度不低于 3m，如杆塔巡视方向有高于 3m 的障碍物或杆塔上经常张贴小广告的地区，喷涂或标识牌的位置可适当增高。

（2）单回路杆号牌面向巡线侧，多回路同杆塔架设的双（多）回线路应在横担上设置鲜明的异色标识加以区分。各回路标识牌底色应与本回路色标一致，白色黑体字（黄底时为黑色黑体字）。色标颜色按红、黄、绿、蓝、白、紫排列使用。门形杆安装在面向负荷侧左侧杆塔上（见图 2-82）。

图 2-82　杆号牌要求

（3）每条线路在变电站出线的第一基杆塔、分支杆、耐张杆、45°以上的转角杆均应安装相序牌。相序牌一般为正方形，边长 200mm。10kV 架空线路相序牌采用黄、绿、红三色表示 A、B、C 相。相序牌应安装固定在横担下方（见图 2-83）。

（4）粘贴警示板或喷涂反光涂料，要求为黄黑相间、上黄下黑、三黄三黑，高度1200mm，下沿距地面300mm（见图2-84）。

图 2-83　相序牌要求　　　　　　　图 2-84　防撞警示标识要求

（5）开关等带电设备需加装"禁止攀登，高压危险"等危险警示牌，"禁止攀登，高压危险"警示牌，尺寸为 300mm×240mm。高度不低于 4m（见图 2-85）。

（6）电力线路杆塔。应根据线路沿途区域具体情况，在醒目位置设置相应的安全警示标志。如禁止在高压线下钓鱼、禁止取土、线路保护区内禁止植树、禁止建房、禁止放风筝（见图 2-86）。

图 2-85　危险警示标识要求　　　　　图 2-86　特殊地段警示标识要求

（7）双回路线路。双回线路采用垂直排列，应在横担上设置鲜明的异色标识加以区分。各回路杆号标识牌底色应与本回路色标一致。按从左到右的顺序，第一回路为红底白字，字体为黑体；第二回路为黄底黑字，字体为黑体。

（8）四回路线路采用双垂直排列，应在横担上设置鲜明的异色标识加以区分。按从左到右、从上到下的顺序，第一回路为红色，第二回路为黄色，第三回路为绿色，第四回路为蓝色。杆号牌为白色黑体字（黄底时为黑色黑体字）。色标颜色按红黄绿蓝排列使用（见图 2-87）。

图 2-87　多回路标识要求

第3章 低压户表部分

3.1 低压户表部分验收

验收流程如图 3-1 所示。

图 3-1 验收流程

3.2 验收准备

3.2.1 验收所需器具（见表 3-1）

表 3-1　　　　　　　　　验收所需器具准备情况

序号	验收所需要准备的器具	准备情况
1	接地电阻测试仪	
2	卷尺	
3	水平尺	
4	游标卡尺	
5	绝缘电阻表	
6	万用表	
7	数码相机	

3.2.2 验收所需资料（见表 3-2）。

表 3-2　　　　　　　　　验收所需资料

序号	验收所需要准备的资料	准备情况
1	工程项目改造前基本情况	

序号	验收所需要准备的资料	准备情况
2	工程项目改造前示意图	
3	工程项目施工图	
4	概（预）算书	
5	工程项目变更及报审文件	
6	工程项目"四措一案"	
7	工程项目开（停、复）工报告	
8	安装记录	
9	调试、试验报告	
10	工程量核定表（签证表）	
11	工程退补料清单	
12	拆旧物资回收、鉴定、处置文件	
13	工程项目竣工基本情况	
14	工程项目竣工图	
15	工程项目竣工验收申请	
16	验收报告	
17	装箱单	
18	产品合格证	
19	说明书	
20	出厂试验报告	
21	出厂图纸等开箱材料设备文件	
22	工程施工关键阶段	
23	工序照片	

3.3 接户线电源侧验收

验收标准

（1）下户线接入方式选择应符合设计要求，接入安装工艺应符合"国网典设"要求。

（2）接户横担、拉板、绝缘子安装位置应符合"国网典设"要求。

（3）接户线最小相间距离、接户线与建筑物有关部分的距离、接户线对道路的安全距离、接户线与通信线、广播线交叉时，其垂直距离均应符合"国网典设"要求。

验收要点

（1）常用的接户线装置方案有架空接户、电缆直埋接户、电缆悬挂接户、杆上计量接户、沿墙敷设接户 5 类 14 种，接户线装置方案应结合现场实际情况选用，接入安装工艺应符合"国网典设"要求。

（2）接户横担对其上层横担距离不小于 300mm。线夹安装位置距导线支持点的距离不应小于 150mm。引线对横担、杆身、引线之间的净空距离不应小于 150mm（见图 3-2）。

（3）安装曲型拉板及绝缘子时，螺栓应由下向上穿（见图 3-3）。

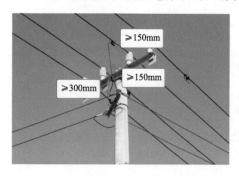

图 3-2　横担、杆身、引线之间的净空距离　　图 3-3　安装曲型拉板及绝缘子时，
　　　　　　　　　　　　　　　　　　　　　　　　　　　螺栓应由下向上穿

（4）接户线与低压线路固定前应在低压线路导线上缠绕一周形成滴水弯，接户线端头指向电源侧（见图 3-4）。

图 3-4　低压线路与接户线形成滴水湾

（5）线夹固定后应安装绝缘护罩，并用绝缘带密封（见图 3-5）。

（6）接户线的相线和中性线或保护中性线应从同一基电杆引下，其档距不应大于 25m，超过 25m 时应加装接户杆，接户线总长度（包括沿墙敷设部分）不宜超过 50m（见图 3-6）。

图 3-5　线夹固定后应安装绝缘护罩

图 3-6　接户线的相线和中性线获保护中性线应从同一基电杆引下

　　（7）接户线沿墙敷设必须有可靠撑铁和绝缘子支撑，两支撑点间距应尽量均匀，最大不超过 6m（见图 3-7）。

图 3-7　接户线沿墙敷设必须有可靠撑铁和绝缘子支撑

（8）1kV 以下接户线最小线间距离（m）一般不小于表 3-3 中数值。

表 3-3   1kV 以下接户线最小线间距离

架设方式	档距	线间距离（m）
自电杆上引下	≤25	0.15
	>25	0.20
沿墙敷设水平 或垂直排列	≤6	0.10
	>6	0.15

（9）接户线对公路、街道和人行道，在导线最大弧垂时垂直距离应满足安全距离见表 3-4。

表 3-4   接户线最大弧垂时应满足的安全距离

接户线通过地区	垂直距离（m）
公路路面	≥6.0
通车困难的街道、人行道	≥3.5
胡同（里、弄、巷）	≥3.0
沿墙敷设对地面	≥2.5

（10）接户线与建筑物有关部分的距离应满足安全距离见表 3-5。

表 3-5   接户线与建筑物的安全距离

接户线位置	垂直距离（m）	水平距离（m）
下方窗户	≥0.3	—
上方阳台或窗户	≥0.8	—
窗户或阳台的水平距离	—	≥0.75
墙壁、构架的水平距离	—	≥0.05

（11）接户线与通信线、广播线交叉时，垂直距离应满足安全距离见表 3-6。

表 3-6   接户线与通信线、广播线交叉时的安全距离

接户线位置	垂直距离（m）
接户线在上方	≥0.6
接户线在下方	≥0.3

3.4 接户线负荷侧验收

3.4.1 验收标准

（1）接户线支架安装高度应符合"国网典设"要求。

（2）接户线绝缘子及支架选用、安装应符合设计要求。

（3）绝缘导线、绑扎线选用及导线在绝缘子上的绑扎规格应符合设计要求。

（4）管卡选用、安装工艺应符合设计要求。

（5）管线敷设应预留滴水湾，防止进水。

3.4.2　接户线负荷侧验收要点

（1）接户线支架安装高度对地垂直距离不小于2.5m（见图3-8）。

图3-8　接户线支架安装高度对地垂直距离不小于2.5m

（2）1kV以下接户线的绝缘子及支架选用按表3-7中规定。

表3-7　　　　　　　　1kV以下接户线的绝缘子及支架选用

导线截面（mm²）	绝缘子类型	支架（扁钢）	支架（角钢）
≤16	针式	50mm×5mm	40mm×40mm×4mm
＞16	蝶式	—	50mm×50mm×5mm

（3）接户线支架安装时上下歪斜不应大于横担长度的1‰（见图3-9）。

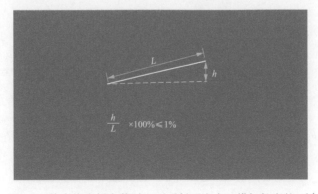

图3-9　接户线支架安装时上下歪斜不应大于横担长度的1‰

（4）绝缘子安装采用"两平一弹单螺母"固定，螺栓应由下向上穿（见图 3-10）。

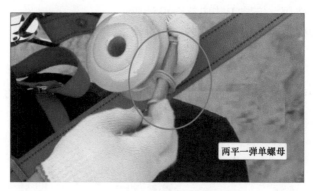

图 3-10　绝缘子安装固定

（5）绝缘子安装应光面朝上，凹槽朝下（见图 3-11）。

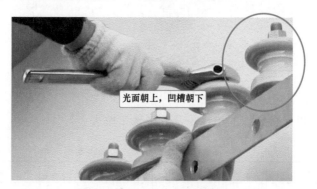

图 3-11　绝缘子安装朝向

（6）绝缘线与绝缘子接触部分应缠绝缘带，绝缘带应从导线与绝缘子接触部分缠起，缠绕应紧密（见图 3-12）。

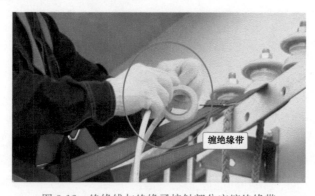

图 3-12　绝缘线与绝缘子接触部分应缠绝缘带

（7）绝缘带缠绕不得少于两层，缠绕长度应超出导线与绝缘子接触部位两侧各 30mm（见图 3-13）。

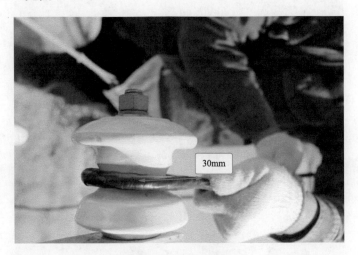

图 3-13　绝缘带缠绕

（8）蝶式绝缘子绑扎长度要求见表 3-8。

表 3-8　　　　　　　　　　　　　　蝶式绝缘子绑扎长度

导线截面	绑扎长度	导线截面	绑扎长度
10mm²	≥50mm	25～50mm²	≥120mm
16mm²	≥80mm	70～120mm²	≥200mm

（9）绑扎开始位置为距绝缘子中心 3 倍的绝缘子脖颈处（见图 3-14）。

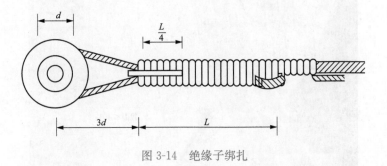

图 3-14　绝缘子绑扎

（10）绑扎达到规定长度后，应将短头翘起，用绑线在导线上绑扎 5～8 圈后，与短头拧不少于 3 个绞绕，成小辫状（见图 3-15）。

（11）绑扎线应缠绕紧密、光滑，不得有接头（见图 3-16）。

（12）管内导线总截面不应大于绝缘护管截面的 40％（见图 3-17）。

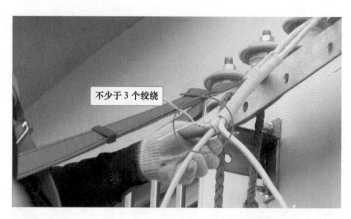

图 3-15　绑扎达到规定长度后，应将短头翘起

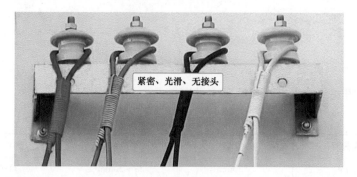

图 3-16　绑扎线缠绕要求

图 3-17　管内导线总截面要求

（13）PVC管应固定牢固、横平竖直，附件与管体接触紧密，弯头及三通口朝下（见图 3-18）。

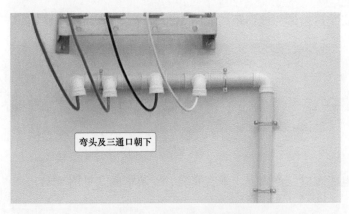

图 3-18　PVC 管安装要求

3.5　计量装置安装部分

3.5.1　验收标准

（1）电能表箱选用应符合设计要求，电能表箱外观，功能分区，检查箱内配线，布线不应有绞绕、金钩、断裂及绝缘层破损等缺陷。

（2）箱体安装工艺和与地面距离应符合"国网典设"要求。

（3）接地要求 TN-C-S 系统，表箱处中性线重复接地。TT 系统电能表箱处不允许重复接地。

3.5.2　计量装置验收要点

（1）电能表箱内部配线不应有绞绕、金钩、断裂及绝缘层破坏等缺陷（见图 3-19）。

图 3-19　电能表箱内部配线

（2）安装后箱体与地面距离如图 3-20 所示。

在保证安全的条件下，安装后箱体与地面距离应符合以下要求：
- 最高观察窗中心线及门锁距地面高度不超过1.8m
- 独立式单表位计量箱，单排排列箱组式计量箱下沿距地面高度不小于1.4m
- 多表位计量箱下沿距地面高度不小于0.8m，当用于地下建筑物时（如车库、人防工程等），则不应小于1.0m

图 3-20　安装后箱体与地面距离要求

（3）电能表应三点固定、垂直安装、安装牢固（见图 3-21）。

垂直安装、三点固定

图 3-21　电能表固定要求

（4）进出表导线应有两个压痕点，不得有导体外漏、挤压绝缘现象（见图 3-22）。

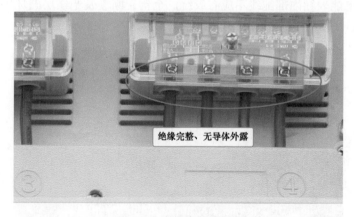

绝缘完整、无导体外露

图 3-22　进出表导线要求

（5）如有剩余接线端子应做好绝缘处理（见图 3-23）。

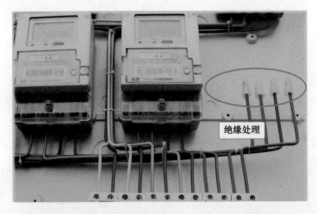

图 3-23 如有剩余接线端子应做好绝缘处理

（6）平行排列的电能表应下沿齐平，电能表间距离不应小于 30mm（见图 3-24）。

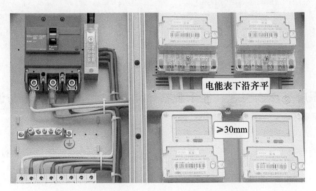

图 3-24 平行排列的电能表安装要求

（7）TN-C-S 系统电能表表箱处中性线重复接地；TT 系统电能表箱处不允许重复接地（见图 3-25）。

图 3-25 电能表箱接地要求

3.6 标识安装部分

验收标准

（1）标识显示齐全，张贴位置应符合设计要求，易于观察，粘贴平整美观。

（2）表箱号、户号、户名、产权分界点等标识应齐全（见图 3-26）。

图 3-26 标识齐全

（3）标识应平整、美观、便于观察。同一单元中设备标签与设备的对应位置应一致。

第4章 电缆线路

4.1 电缆基础（沟、井）验收

4.1.1 电缆基础验收流程图

电缆基础验收流程图如图 4-1 所示。

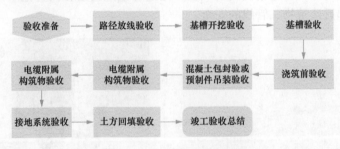

图 4-1 电缆基础验收流程图

4.1.2 验收准备

（1）技术、安全、质量准备。

1）应做好验收准备工作，熟悉勘察报告及设计图纸等资料。

2）技术、安全、质量。每个分项工程必须分级进行验收，详细了解每个分项工程验收要点，全体验收人员都要做好记录并签名，填写各类验收报告，形成书面验收记录。

（2）工器具准备见表 4-1。

表 4-1　　　　　　　　　验收所需要准备的器具

序号	验收所需要准备的器具	准备情况
1	经纬仪	
2	水准仪	
3	钢尺	
4	靠尺	
5	锤子	

4.1.3 路径放线验收

验收标准

（1）中心线位移偏差。不大于 10mm。

（2）基础标高偏差。0～－10mm。

（3）长度、宽度（由设计中心线向两边量）偏差：0～100mm。

验收要点

（1）根据设计施工图纸核对电缆沟的走向，通道平整，无杂物（见图 4-2）。

（2）根据设计施工图，核对配电设备基础及电缆井准确位置（见图 4-3）。

（3）施工单位具有完备的地质勘察资料及工程附近管线、建筑物、构筑物和其他公共设施的构造情况资料，填写完整的施工勘察和调查记录，以确保工程质量及邻近建筑物、管线的安全。

图 4-2　电缆沟通道平整，无杂物　　图 4-3　根据设计施工图，核对配电
　　　　　　　　　　　　　　　　　　　　　　设备基础及电缆井准确位置

（4）无法施工时，提出的设计变更等相关资料。

4.1.4 基槽开挖验收

验收标准

基槽开挖工程质量标准见表 4-2。

表 4-2　　　　　　　　　基槽开挖工程质量标准　　　　　　　（mm）

序号	检查项目	质量标准
1	基底土性	应符合设计要求
2	边坡、表面坡度	应符合设计要求和现行国家及行业 有关标准的规定

续表

序号	检查项目			质量标准
3	标高偏差	基坑、基槽		−50～0
		挖方场地平整	人工	±30
			机械	±50
		管沟		−50～0
		地（路）面基层		−50～0
4	长度、宽度（由设计中心线向两边量）偏差	基坑、基槽		−50～+200
		挖方场地平整	人工	−100～+300
			机械	−150～+500
		管沟		0～+100
5	表面平整度	基坑、基槽		≤20
		挖方场地平整	人工	≤20
			机械	≤50
		管沟		≤20
		地（路）面基层		≤20

* 地（路）面基层的偏差只适用于直接在挖、填方上做地（路）面的基层。

验收要点

（1）土方开挖的顺序、方法必须与设计工况相一致。

（2）核验电缆沟（电缆隧道）中心线走向、折向控制点位置及宽度的控制线，电缆沟的挖掘尺寸在电缆敷设后的弯曲半径不小于相关规程规定。

（3）基槽边坡应平整，无浮土（见图4-4）。

（4）基槽土方开挖至电缆沟底基础设计标高时，应根据土质情况及电缆沟深度放坡（见图4-5）。

图4-4　基槽边坡应平整，无浮土　　图4-5　基槽土方开挖放坡

（5）电缆沟、井和电缆隧道基槽开挖应采取防积水措施，基槽两侧设排水沟及集水坑，将积水排出，以防止沟壁坍塌，排水沟的坡度不应小于0.5%。局部较深处可考虑采取井点降水，地下水应降至基槽底部−1.0～1.5m。

（6）排水采用机械排水或自然排水，集水坑尺寸应满足排水方式、排水泵放置要求，排水沟及集水坑应与侧壁保持足够距离，不影响基槽施工，并在图纸中标注说明。

（7）一般情况下，采用放坡开挖应满足设计要求；特殊情况下，应设置基槽围护或支护措施后方可进行开挖。开挖深度小于 2m 的沟槽可采用横列板支护；开挖深度不小于 2m 且不大于 5m 的沟槽宜采用钢板桩支护。支护桩的深度及横向支撑的大小及间距离，一般支撑的水平间距不大于 2m。横向支撑应做好伸缩调节措施，围檩与钢板桩应固定可靠。

1m外堆土高度不大于1.5m

图 4-6 基槽边沿及堆土高度

（8）基槽底部施工面为设计横断面宽度两边各加 500mm，便于模板支设及基槽支护等工作。

（9）基槽边沿 1.0m 范围内严禁堆放土、设备或材料等，1.0m 以外的堆土高度不应大于 1.5m（见图 4-6）。

（10）基槽四周应用钢管、安全硬质围栏围护，设安全警示杆，夜间设警示灯。

（11）遇到障碍物时，由设计单位出具设计变更图纸等相关资料。

4.1.5 基槽验收

验收标准

（1）土方不应超挖、欠挖，允许偏差＋50mm。

（2）基坑、基槽的标高偏差－50mm～0。

（3）人工场地平整的标高偏差±30mm。

（4）机械场地平整的标高偏差±50mm。

（5）人工挖方场地平整的表面平整度偏差不大于 20mm。

（6）机械挖方场地平整的表面平整度偏差不大于 50mm。

验收要点

（1）当遇有下列情况时，应列为验槽的重点：①持力土层的顶部标高有较大的起伏变化时；②基槽范围内存在两种以上不同成因类型的地层时；③在雨季或冬季等不良气候条件下施工，基底土质可能受到影响时。

（2）核对基槽的施工位置、平面尺寸和槽底标高是否与设计图纸相符。验槽方法宜以使用袖珍贯入仪等简便易行的方法为主，必要时可在槽底普遍进行轻便钎探，当持力层下埋藏有下卧砂层而承压水头高于基底时，则不宜进行钎探，以免造成浦砂。当施工揭露的岩土条件与勘察报告有较大差别或验槽人员认为必要时，可有针对性地进行补充勘察工作。

（3）检查基槽边坡外缘与附近建筑物的距离，明确基坑开挖是否对建筑物的稳定性产生影响。

（4）检查核实分析钎探资料，对存在异常处进行复核检查。

（5）基槽检验记录是重要技术档案，应做到资料齐全、及时归档。

（6）根据图纸及地质勘察报告要求查勘现场土质，应对基底标高、基坑轴线、边坡坡度等进行复测，签署肯定性结论，做好相关记录。

电缆沟"五方"验槽示意图如图 4-7 所示。

图 4-7　电缆沟"五方"验槽示意图

（7）灰土地基处理，砂/砂石地基处理，粉煤灰地基处理应符合设计要求，质量标准符合国家标准及规定，查看检验等相关记录。

4.1.6　浇筑前验收

4.1.6.1　垫层验收

验收标准

（1）垫层厚度。不大于设计厚度的 1/10 且不大于 20mm。

（2）垫层标高偏差为 ±10mm。

（3）垫层表面平整度偏差不大于 10mm。

验收要点

（1）对勘察资料中场地工程地质及水文地质条件进行核查和补充。

图 4-8　基底表面平整度

（2）灰土地基、砂和砂石地基等地基材料及配合比应符合设计要求，搅拌均匀。

（3）地基稳定且已夯实、平整，基底表面平整度应控制在 20mm 以内（见图 4-8）。

（4）混凝土的强度、坍落度应满足设计要求，混凝土无离析现象。

（5）混凝土浇筑的方法应满足施工方案要求，垫层混凝土应密实，上表面应平整。

4.1.6.2 钢筋绑扎验收

验收标准

（1）受力钢筋的品种、级别、规格和数量符合设计要求。

（2）受力钢筋的连接方式符合设计要求。

（3）钢筋机械连接或焊接接头的力学性能，按 JGJ 107—2016《钢筋机械连接技术规程》或 JGJ 18—2012《钢筋焊接及验收规程》的规定抽取钢筋机械连接接头或焊接接头试件做力学性能检验，试验结果合格。

（4）钢筋加工质量验收标准（见表 4-3）。

表 4-3   钢筋加工质量验收标准

序号	项目	允许偏差（mm）
1	受力钢筋成型长度	±5，−10
2	弯起钢筋的弯起点位置	±20
3	箍筋尺寸	0，−3

（5）采用机械连接接头或焊接接头的外观检查，其质量应符合有关标准、规程的规定。

（6）钢筋绑扎质量验收标准见表 4-4。检查数量为：在同一检验批内，应抽查构件数量的 10％且不少于 3 件。

表 4-4   钢筋绑扎质量验收标准

序号	项目		允许偏差（mm）
1	受力钢筋成型长度	间距	±10
		排距	±5
		保护层厚度	0～+3
2	绑扎箍筋间距		±20
3	钢筋弯起点位移		≤20
4	预埋件	中心线位移	≤5
		水平高差	0～+3

（7）检查钢筋原材质量、加工工艺应符合设计图纸要求。

（8）受力钢筋成型长度允许偏差 5、−10mm，箍筋尺寸允许偏差 0、−3mm，受力钢筋间距允许偏差 ±10mm，排距允许偏差 ±5mm，保护层厚度允许偏差 0～3mm，预埋件中心线位移允许偏差不大于 5mm，水平高差 0～3mm，绑扎箍筋间距允许偏差 ±20mm。

（9）检查是否安装牢固、支撑严密。

验收要点

（1）电缆沟底板下层钢筋绑扎：①按底板钢筋受力情况，确定主受力筋方向；②下层钢筋先铺主受力筋，再铺纵向钢筋，上层钢筋在梯子筋上先铺设纵向钢筋，再铺设主筋，绑扎牢固，底板钢筋绑扎采用顺扣或八字扣，绑点数量应满扎，绑扎应牢固；③受力钢筋直径不小于 16mm 时，宜采用机械连接，直径小于 16mm 时可采用绑扎连接，搭接长度及接头位置应符合设计及规范要求；④钢筋绑扎后应随即垫好垫块，间距不宜大于 1000mm，梅花状布置（见图 4-9）。

图 4-9 电缆沟底板下层钢筋绑扎

（2）电缆沟底板上层钢筋绑扎：①钢筋马镫采用纵向梯形架立筋，间距为 2 倍纵向钢筋间距，并与底板下层主钢筋绑牢，马镫架设在底板下层的主筋上，替代部分纵向钢筋，架立筋立棍与纵筋周圈绑扎，纵向连接采用绑扎方法，搭接长度应符合设计或规范规定，相互错开；②在马镫上绑扎上层定位钢筋，并在其上标出钢筋间距，然后绑扎纵、横方向钢筋（见图 4-10）。

（3）墙体插筋绑扎（见图 4-11）：①伸入基础底板的插筋应绑扎牢固，插筋锚入底板深度应符合设计要求，其上部绑扎两道以上水平筋和水平梯形架立筋，其下部伸入底板部分在钢筋交叉处内部绑扎水平筋，以确保墙体插筋垂直、不位移，斜拉筋必须与底板、侧墙外侧纵向钢筋钩住绑扎，节点内纵向钢筋位于底板、侧墙主筋

图 4-10 电缆沟底板上层钢筋绑扎

交叉点内侧绑扎。电缆沟墙壁钢筋加固效果；②变形缝钢筋严格按设计图纸绑扎，箍筋固定好中埋式止水带。

图 4-11 墙体插筋绑扎

（4）底板钢筋和墙插筋绑扎完毕后，经检查验收合格后，方可进行下道工序施工。

（5）现浇电缆沟必须使用热镀锌电缆支架预埋件，相关规格符合设计规范要求。

（6）钢筋的绑扎应均匀、可靠，间距、排距、搭接长度、保护层厚度、预埋件位置符合设计要求。确保在混凝土振捣时钢筋不会松散、移位；绑扎的铁丝不应露出混凝土本体。

图 4-12　电缆沟钢筋绑扎接头效果图

（7）同一构件相邻纵向受力钢筋的绑扎搭接接头宜相互错开，并满足规范要求。

（8）箍筋转角与钢筋的交叉点均应扎牢，箍筋的末端应向内弯；底板钢筋绑扎完成后，应采取防止踩踏变形的技术措施。电缆沟钢筋绑扎接头效果图如图 4-12 所示。

4.1.6.3　模板工程验收

验收标准

（1）保证模板的垂直度、水平度，两块模板之间拼接缝隙、相邻模板面的高低差不大于 2.0mm。

（2）模板安装的允许误差。截面内部尺寸－5～4mm，表面平整度不大于 5mm，相邻板高低差不大于 2mm，相邻板缝隙不大于 3mm。

（3）检查模板尺寸、规格。

（4）检查模板平整度和表面清洁的程度。

（5）检查模板是否安装牢固、支撑严密。

（6）检查塑料板防水层的搭接宽度偏差数据。

（7）塑料板防水层焊接的检验。应按焊缝数量抽查 5%，每条焊缝为 1 处，不少于 3 处。

（8）检查止水条的型号、规格是否满足设计要求。止水条必须经过见证取样并合格。止水条应为厂家粘贴成环，禁止现场粘贴。

（9）检查止水条中心线，应与变形缝中心线重合，不得穿孔或用铁钉固定。损坏处应及时修补。

（10）止水条外观检查包括尺寸公差、开裂、缺胶、中心孔偏心、凹痕、杂质、明疤等。试验项目包括拉伸强度、扯断伸长率、撕裂强度。

（11）检查拆模时的混凝土强度，应能保证其表面、棱角不受损伤。

（12）拆除的模板和支架宜分散堆放并及时清运。

（13）顶部模板拆除规范要求见表 4-5。

表 4-5　　　　　　　　　顶部模板拆除规范要求

构件种类	构件跨度(m)	拆模强度（按设计强度等级的百分率计）
顶板	≤2	≥50
	2~8	≥75
	>8	≥100

（14）基础模板安装及拆除工程质量标准和检验方法（见表 4-6）。

表 4-6　　　　　　基础模板安装及拆除工程质量标准和检验方法

检查项目			质量标准	单位
模板及其支架			应根据工程结构形式、荷载大小、地基土类别、施工设备和材料供应等条件进行设计。模板及其支架应具有足够的承载能力、刚度和稳定性，能可靠地承受浇筑混凝土的重力、侧压力及施工荷载	
上、下层支架的立柱			应对准，并铺设垫板	
隔离剂			不得玷污钢筋和混凝土接触处	
模板及支架拆除			模板及其支架拆除的顺序及安全措施应按施工技术方案执行	
底模及支架拆除时的混凝土强度	设计有要求时		应符合设计要求	%
	无设计要求时	板 ≤2m	≥50	
		板 >2m且≤8m	≥75	
		板 >8m	≥100	
		悬臂构件	≥100	
模板安装			（1）模板的接缝不应漏浆，木模板应浇水湿润，但模板内不应有积水。 （2）模板与混凝土的接触面应清理干净，并涂刷隔离剂。 （3）模板内的杂物应清理干净。 （4）应使用能达到设计效果的模板	
预埋件、预留孔（洞）			应齐全、正确、牢固	
标高	普通清水混凝土		±5	mm
相邻版面高低差	普通清水混凝土		3	mm
模板垂直度	≤5m	普通清水混凝土	4	mm
	>5m	普通清水混凝土	6	
表面平整度	普通清水混凝土		3	mm

续表

检查项目			质量标准		单位
预留洞口	中心线位移	普通清水混凝土	8		mm
	孔洞尺寸	普通清水混凝土	0~8		
预埋件、管、螺栓中心线位移		普通清水混凝土	3		mm
侧模拆除			混凝土强度应保证其表面及棱角不受损伤		
模板拆除			模板拆除时,不应对楼层形成冲击荷载,拆除的模板和支架宜分散堆放并及时清运		

验收要点

(1)模板支护、拆模应符合专项施工方案的要求。

(2)模板支护应遵循下列原则:①模板应平整、表面应清洁,并具有一定的强度,保证在支撑或维护构件作用下不破损、不变形,支模过程中应确保模板的水平度和垂直度。电缆沟内模板支撑效果图如图 4-13 所示;②模板尺寸不应过小,应尽量减少模板的拼接,模板的拼接、支撑应严密、可靠,确保振捣中不走模、不漏浆,电缆沟外模板支撑效果图如图 4-14 所示;③模板与混凝土接触表面应涂抹脱模剂,脱模剂的品种和涂刷方法应符合专项施工方案的要求,脱模剂不得影响结构性能,应使用水溶性脱模剂;④在浇筑混凝土之前,模板内部应清洁干净、无任何杂质,应充分湿润模板,但不应积水;⑤模板采取必要的加固措施,提高模板的整体刚度,模板接缝处用海绵条填实,防止漏浆;⑥在底板和侧墙设置混凝土垫块,保证保护层的厚度。

图 4-13 电缆沟内模板支撑效果图

模板尺寸不应过小，减少模板的拼接。模板的拼接、支撑应严密、可靠

图 4-14　电缆沟外模板支撑效果图

4.1.7　混凝土包封验收

验收标准

（1）混凝土施工质量标准（见表 4-7）。

表 4-7　　　　　　　　　　　混凝土施工质量标准

序号	检查项目		质量标准
1	混凝土强度及试件取样留置		混凝土的强度等级必须符合设计要求，用于检查结构构件混凝土强度的试件，应在混凝土的浇筑地点随机抽取
2	抗渗混凝土		抗渗混凝土试件应在浇筑地点随机取样，抗渗性能应符合设计要求
3	混凝土原材料每盘称量的偏差	水泥、掺合料	±2%
		粗、细骨料	±3%
		水、外加剂	±2%
4	混凝土运输、浇筑及间歇		全部时间不应超过混凝土的初凝时间，同一施工段的混凝土应连续浇筑，并应在底层混凝土初凝之前将上一层混凝土浇筑完毕。当底层混凝土初凝后浇筑上层混凝土时，应按施工缝的要求进行处理
5	大体积混凝土温控措施		必须符合设计要求和现行有关标准的规定
6	施工缝留置及处理		应按设计要求和施工技术方案确定、执行
7	养护		应符合施工技术方案和现行有关标准的规定

(2) 混凝土结构外观及尺寸偏差（沟道）质量标准（见表 4-8）。

表 4-8　　　　混凝土结构外观及尺寸偏差（沟道）质量标准　　　　（mm）

序号	检查项目	质量标准
1	外观质量	不应有严重缺陷。对已经出现的严重缺陷，应由施工单位提出技术处理方案，并经监理（建设）、设计单位认可后进行处理，对经处理的部位，应重新检查验收
2	尺寸偏差	不应有影响结构性能和使用功能的尺寸偏差，对超过尺寸允许偏差且影响结构性能和安装、使用功能的部位，应由施工单位提出技术处理方案，并经监理（建设）、设计单位认可后进行处理，对经处理的部位，应重新检查验收
3	外观质量	不宜有一般缺陷，对已经出现的一般缺陷，应由施工单位按技术处理方案进行处理，并重新检查验收
4	沟道中心线及端部位移	±20
5	沟道顶面标高偏差	−10～0
6	沟道地面坡度偏差	±10％设计坡度
7	沟底排水管口标高	−20～+10
8	沟道截面尺寸偏差	±20
9	沟壁厚度偏差	±5
10	预留孔、洞及预埋件中心线位移	≤15
11	沟壁顶部企扣间净距偏差	0～+15
12	沟道盖板搁置面平整度	≤5

(3) 水泥砂浆防水层及卷材防水层的质量标准（见表 4-9）。

表 4-9　　　　水泥砂浆防水层及卷材防水层质量标准　　　　（mm）

序号	检查项目	质量标准
1	防水层各层之间	水泥砂浆防水层各层之间必须结合牢靠，无空鼓现象
2	原材料及配合比	必须符合设计要求和现行有关标准的规定
3	砂浆强度	必须符合设计要求和现行有关标准的规定
4	基层表面质量	必须平整、坚实、粗糙、清洁，并充分湿润无积水
5	卷材及配套材料质量	防水工程所使用的防水材料应有产品的合格证书和性能检测报告，材料的品种、规格、性能等应符合现行国家产品标准和设计要求
6	细部做法	防水层及其转角处、变形缝、穿墙管道等必须符合设计要求和现行有关标准的规定
7	防水层表面	应密实、平整，不得有裂纹、起砂、麻面等缺陷；阴阳角处应做成圆弧形
8	施工缝留搓位置	应正确，接搓应按层次顺序操作，层层搭接紧密
9	防水层的平均厚度	应符合设计要求，最小厚度不得小于设计值得 85％

序号	检查项目	质量标准
10	基层质量	基层应牢固，基面应洁净、平整，不得有空鼓、松动、起砂和脱皮现象；阴阳角处应做成圆弧形
11	卷材铺贴、搭接缝	卷材铺贴应符合现行有关标准的规定；搭接缝应粘结牢固，密封严密，不得有皱褶、翘边和鼓泡等缺陷
12	侧墙卷材防水层的保护层和防水层	应粘结牢固，结合紧密，厚度均匀、一致
13	卷材搭接宽度偏差	≥－10
14	水泥砂浆防水层表面平整度的允许偏差	±5

验收要点

电缆沟（电缆隧道）混凝土结构的抗渗等级应不小于 P6，抗渗混凝土试件应在浇筑地点随机取样，抗渗性能应符合设计要求。

闭严密，防水层不得有损伤、空鼓、皱褶等缺陷。

4.1.8 电缆沟预制构件吊装验收

（1）浇筑前，混凝土应搅拌均匀，坍落度应满足相关技术标准。

（2）混凝土试块留置。试块应在混凝土浇筑地点随机抽取制作，取样与留置数量应符合 GB 50204—2015《混凝土结构工程施工质量验收规范》的规定，并根据需求留置满足标准养护、同条件检测等用途的试块。

（3）现浇混凝土结构底板、墙面、顶板表面应光洁，不得有蜂窝、麻面、漏筋等现象（见图 4-15）。

（4）侧墙和顶板的变形缝应与底板的变形缝对正、垂直贯通（见图 4-16）。

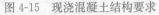

图 4-15 现浇混凝土结构要求   图 4-16 侧墙和顶板的变形缝

（5）水泥砂浆防水层应密实、平整、粘结牢固，不得有空鼓、裂纹、起砂、麻面等缺陷。

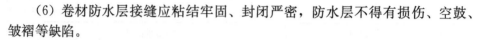

(6) 卷材防水层接缝应粘结牢固、封闭严密，防水层不得有损伤、空鼓、皱褶等缺陷。

验收标准

(1) 宽度、高（厚）度偏差为±5mm。

(2) 预埋件中心位移不大于10(8)mm。

(3) 预埋件螺栓位移不大于5mm。

(4) 预埋件螺栓外露长度偏差为+10～0mm。

(5) 预留孔中心位移不大于5mm。

(6) 预留洞中心位移不大于15(10)mm。

(7) 水泥砂浆防水层及卷材防水层的质量标准见表4-10。

表4-10　　　　　　　　水泥砂浆防水层及卷材防水层质量标准　　　　　　　　（mm）

序号	检查项目	质量标准
1	防水层各层之间	水泥砂浆防水层各层之间必须结合牢靠，无空鼓现象
2	原材料及配合比	必须符合设计要求和现行有关标准的规定
3	砂浆强度	必须符合设计要求和现行有关标准的规定
4	基层表面质量	必须平整、坚实、粗糙、清洁，并充分湿润无积水
5	卷材及配套材料质量	防水工程所使用的防水材料应有产品的合格证书和性能检测报告，材料的品种、规格、性能等应符合现行国家产品标准和设计要求
6	细部做法	防水层及其转角处、变形缝、穿墙管道等必须符合设计要求和现行有关标准的规定
7	防水层表面	应密实、平整，不得有裂纹、起砂、麻面等缺陷；阴阳角处应做成圆弧形
8	施工缝留搓位置	应正确，接搓应按层次顺序操作，层层搭接紧密
9	防水层的平均厚度	应符合设计要求，最小厚度不得小于设计值的85%
10	基层质量	基层应牢固，基面应洁净、平整，不得有空鼓、松动、起砂和脱皮现象，阴阳角处应做成圆弧形
11	卷材铺贴、搭接缝	卷材铺贴应符合现行有关标准规定。搭接缝应黏结牢固，密封严密，不得有皱褶、翘边和鼓泡等缺陷
12	侧墙卷材防水层的保护层和防水层	应粘结牢固，结合紧密，厚度均匀、一致
13	卷材搭接宽度偏差	≥-10
14	水泥砂浆防水层表面平整度的允许偏差	±5

验收要点

(1) 电缆沟预制构件无外观缺陷（见图4-17）。

图 4-17 电缆沟预制构件无外观缺陷

（2）电缆沟预制构件应进行结构性能检验。结构性能检验不合格的预制构件不得用于混凝土结构。

（3）电缆沟预制构件不应有影响结构性能和安装、使用功能的尺寸偏差。

（4）电缆沟预制构件应在明显部位标明生产单位、构件型号等；构件上的预埋件、插筋和预留孔洞应符合标准图或设计的要求。

（5）接口处橡胶胶圈必须安装固定到位，两节电缆沟槽承插口对接平齐，安装紧固到位，接口间隙不大于 20mm，允许误差±5mm。

（6）电缆沟槽中轴线应与开挖的沟槽中心线垂直，安装完毕后的电缆沟道应平直，无明显的弯曲和高低不平现象。转角处应设置工井。工井采用现浇工艺时，电缆沟槽和现浇工井接头处应做接槎处理，如图 4-18 所示。

（7）检查止水条的型号、规格是否满足设计要求。止水条必须经过见证取样并合格。

（8）检查止水条中心线，应与变形缝中心线重合，不得穿孔或用铁钉固定，损坏处应及时修补。

（9）止水条外观检查包括尺寸公差、开裂、缺胶、中心孔偏心、凹痕、杂质、明疤等，试验项目包括拉伸强度、扯断伸长率、撕裂强度。

（10）水泥砂浆防水层应密实、平整、粘结牢固，不得有空鼓、裂纹、起砂、麻面等缺陷。

（11）卷材防水层接缝应粘结牢固、封闭严密，防水层不得有损伤、空鼓、皱褶等缺陷。

图 4-18 电缆沟槽标准工艺

4.1.9 电缆附属构筑物的验收

验收标准

（1）电缆支架。

1）电缆支架的层间允许最小距离，当设计无规定时，可采用表 4-11 的规定，但层间净距不应小于 2 倍电缆外径加 10mm。

表 4-11 电缆支架层间允许距离

电缆类型和敷设特征	支（吊）架
控制电缆明敷	120mm
电力电缆明敷 6～10kV 交联聚乙烯绝缘	200～250mm

2）电缆支架最上层及最下层至盖板底、沟底的距离，当设计无规定时，不宜小于表 4-12 的数值。

表 4-12 电缆支架至盖板底、沟底的距离

敷设特征	电缆沟
最上层至盖板底	150～200mm
最下层至沟底	50～100mm

3）支架应垂直于底板安装，支架与侧墙垂直安装必须牢固。支架主立架密贴墙面，不能出现扭曲变形。变形缝两侧 300mm 范围内不能安装支架。

4）支架接地扁钢应安装到位，扁钢必须与支架横撑三面施焊，焊缝应饱满，扁钢搭接长度不得少于扁钢宽度的 2 倍。

5）电缆垂直固定支架间距（10kV 及以下）应不大于 800mm，使电缆固定牢固、受力均匀。

6）焊接牢靠、螺栓连接可靠、防腐处理符合要求、接地符合设计要求，支架安装工艺美观。

（2）电缆井盖。

1）井盖的嵌入深度应符合表 4-13 的规定。

表 4-13 井盖嵌入深度质量验收标准

类别	A15	B125	C250	D400	E600	F900
嵌入深度 A(mm)	≥30	≥30	≥30	≥50	≥50	≥50

2）井盖与井座的总间隙应符合表 4-14 的规定。

表 4-14 井盖与井座总间隙质量验收标准 （mm）

构件数量	总间隙 $a=a_1+a_c+a_r$
1 件	≤6
2 件	≤9
3 件或 3 件以上	≤15，单间不超过 5

3）井座支撑面的宽度应符合表 4-15 的规定。

表 4-15 井座支撑面宽度质量验收标准 （mm）

井座净开孔 c	井座支撑面宽度 B
≥600	≥24

（3）电缆支架。

1）电缆支架及其固定立柱的机械强度，应能满足电缆及其附加荷载以及施工作业时附加荷载的要求，并留有足够的裕度。上、下层支架的净间距不应小于 250mm，列间距为 800mm。

2）应符合下列要求：①电缆支架下料误差应在 5mm 范围内，切口应无卷边、毛刺；各支架的同层横担应在同一水平面上，其高低偏差不应大于 5mm；电缆支架横梁末端 50mm 处应斜向上倾角 10°（见图 4-19）；②电缆支架应焊接牢固，无显著变形，各横撑间的垂直净距与设计偏差不应大于 5mm；③金属电缆支架全长按设计要求进行接地焊接，应

图 4-19　电缆支架的加工要求

保证接地良好。所有支架焊接牢靠，焊口应饱满，无虚焊现象，焊接处防腐应符合要求。

图 4-20　复合电缆支架

3）支架若采用复合材料，应满足强度、安装及电缆敷设等相关要求。

4）支架立铁的固定可采用螺栓固定或焊接。

5）金属支架、吊架必须用接地扁钢环通，接地扁钢的规格应符合设计要求。

6）复合电缆支架（见图 4-20）应符合以下要求：①满足电缆及其附加荷载以及施工作业时的附加荷载；②支架应平直，无明显扭曲，表面光滑，无裂纹、尖角和毛刺；③在电缆承受横向推力情况下，电缆外护套上不应产生可见的刮磨损伤；④具有良好的电气绝缘性能、良好的阻燃性能及良好的耐腐蚀性能。

（4）电缆井盖。

1）检查井盖、井面标高是否与路面保持平整、高度一致（见图 4-21）。

2）检查井盖安装是否牢固。

图 4-21　井盖、井面标高应与路面保持平整

3）检查井座支撑面的宽度。

4）检查铰接井盖的仰角实际值。

4.1.10 接地系统验收

验收标准

（1）整个接地网外露部分的连接应可靠，接地线规格应正确，防腐层应完好，标识应齐全、明显。

（2）接地电阻值及其他测试参数应符合设计规定。

（3）应提交下列资料和文件：符合实际施工的图纸、设计变更的证明文件；接地器材、降阻材料及新型接地装置检测报告及质量合格证明；安装技术记录，其内容应包括隐蔽工程记录、接地测试记录及报告（接地电阻测试、接地导通测试）等。

（4）接地装置安装质量标准（见表 4-16）。

表 4-16　　　　　　　　　　接地装置安装质量标准

序号	检查项目	质量标准	单位
1	接地装置的接地电阻值测试	必须符合设计要求	
2	接地装置测试点设置	人工接地装置或利用建筑物基础钢筋的接地装置必须在地面以上按设计要求位置设测试点	
3	防雷接地的人工接地装置的接地干线埋设	经人行通道处理的深度不小于 1m 且应采取均压措施或在其上方铺设卵石或沥青地面	
4	接地模块深埋、间距和基坑尺寸	接地模块顶面深埋不小于 0.6m，接地模块间距不小于模块长度的 3～5 倍。接地模块埋设基坑，一般为模块外形尺寸的 1.2～1.4 倍且在开挖深度内详情记录底层情况	
5	接地模块垂直或水平就位	不应倾斜设置，保持与原土层接触良好	
6	接地装置深埋、间距和搭接长度	当设计无要求时，接地装置顶面深埋不应小于 0.6m。圆钢、角钢及钢管接地极应垂直埋入地下，间距不应小于 5m。接地装置的焊接应采用搭接焊，搭接长度应符合下列规定： （1）扁钢与扁钢搭接为扁钢宽度的 2 倍，至少三面施焊。 （2）圆钢与圆钢搭接为圆钢直径的 6 倍，双面施焊。 （3）圆钢与扁钢搭接为圆钢直径的 6 倍，双面施焊。 （4）扁钢与钢管、扁钢与角钢焊接时，紧贴 3/4 钢管表面，或紧贴角钢外侧两面，上下两侧施焊。 （5）除埋设在混凝土中的焊接接头外，其余接头均应有防腐措施	

续表

序号	检查项目	质量标准	单位
7	接地装置材质和最小允许规格	符合设计要求,当设计无要求时,接地装置的材料应采用钢材,并经热浸镀锌处理,最小允许规格、尺寸应符合现行标准的规定	
8	接地模块与干线连接和干线的材质选用	接地模块应集中引线,用干线把接地模块并联焊接成一个环路,干线的材质与接地模块焊接点的材质应同,钢制的采用热浸镀锌扁钢,引出线至少两处	

验收要点

(1) 接地极的形式、埋入深度及接地电阻值应符合设计要求。

(2) 电缆及其附件的支架必须可靠接地,接地电阻应不大于 10Ω。

(3) 垂直接地体与水平接地体的连接必须采用焊接,焊接应可靠。焊接应符合下列规定:①扁钢的搭接长度应为其宽度的 2 倍,至少 3 个棱边施满焊;②扁钢与角钢、扁钢与钢管焊接时,除应在其接触部位两侧进行焊接外,还应以钢带弯成的弧形(或直角形)卡子或直接由钢带本身弯成弧形(或直角形)与钢管(或角钢)焊接(见图 4-22)。

扁钢的搭接长度应为其宽度的2倍,至少3个焊接部位及外侧100mm范围内应做防腐处理。并且三面满焊。

100mm

图 4-22　扁钢与角钢、扁钢与钢管焊接

(4) 接地装置焊接部位及外侧 100mm 范围内应做防腐处理(见图 4-23)。

(5) 不得采用铝导体作为接地体或接地线。

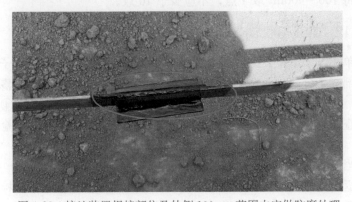

图 4-23　接地装置焊接部位及外侧 100mm 范围内应做防腐处理

4.1.11 土方回填验收

验收标准

土方回填工程质量标准（见表 4-17）。

表 4-17　　　　　　　　　　土方回填工程质量标准　　　　　　　　　（mm）

检查项目			质量标准
基底土性			必须符合设计要求和现行国家及行业有关标准的规定
分层压实系数			必须符合设计要求
标高偏差	场地平整	人工	±30
		机械	±50
	基坑、基槽		−50～0
回填土料			应符合设计要求
分层厚度及含水量			应符合设计要求
表面平整度	基坑、基槽		≤20
	挖方场地平整	人工	≤20
		机械	≤30

验收要点

（1）压实系数。场地平整每层 100～400m² 取一组，沟道及基础每层 20～50m² 取一组。

（2）边坡检查每 20m 取 1 点，每边不应少于 1 点。

（3）标高及平整度检查。基坑每 20m² 抽查 1 处，每个基坑不应少于 1 处；基槽、管沟每 20m 抽查 1 处，不应少于 3 处；平整后的场地表面应逐点检查，检查点为每 100～400m² 取 1 点，不应少于 10 点。

4.1.12 竣工验收总结

（1）单位（子单位）工程质量验收应符合下列规定：①单位（子单位）工程所含分部（子分部）工程均应验收合格；②质量控制资料应完整；③单位（子单位）工程所含分部工程有关安全和功能的检测资料应完整；④主要功能项目的抽查结果应符合相关专业质量验收规范要求；⑤观感质量验收应符合要求。

（2）当工程质量不符合要求时，应按下列规定进行处理：

①经返工的检验批，应重新进行验收；②经有资质的检测单位检测鉴定能达到设计要求的检验批，应予以验收；③经有资质的检测单位检测鉴定达不到

设计要求，但经原设计单位核算认定能满足结构安全和使用功能的检验批，可予以验收；④经返修或加固处理的分项、分部工程，虽然改变外形尺寸但仍能满足安全使用要求，可按技术处理方案和协商文件进行验收。

（3）通过返修或加固处理仍不能满足安全使用要求的分部工程、单位（子单位）工程，严禁验收。

（4）应符合相关标准、规范。《国家电网公司配电网工程典型设计（2016年版）》、Q/GDW 10784.2—2017《配电网工程初步设计内容深度规定 第2部分：配电网电缆线路》及 GB 50300—2013《建筑工程施工质量验收统一标准》。

注意：所有工程质量验收均应在施工单位自行检验合格的基础上进行。

4.2 排 管 验 收

4.2.1 排管验收流程图

排管验收流程图如图 4-24 所示。

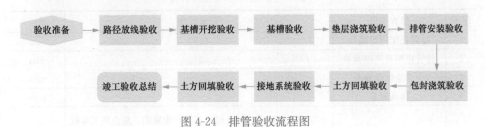

图 4-24 排管验收流程图

验收准备

（1）技术、安全、质量准备。

1）应做好验收准备工作，熟悉勘察报告及设计图纸等资料。

2）技术、安全、质量。每个分项工程必须分级进行验收，详细了解每个分项工程验收要点，全体验收人员都要做好记录并签名，填写各类验收报告，形成书面验收记录。

（2）工器具准备见表 4-18。

表 4-18 工 器 具 准 备

序号	验收所需要准备的器具	准备情况
1	经纬仪	
2	水准仪	
3	测量仪	

续表

序号	验收所需要准备的器具	准备情况
4	钢尺	
5	靠尺	
6	锤子	

（3）路径放线验收、基槽开挖验收、基槽验收、垫层验收 5 个环节验收标准和验收要求同电缆基础（沟、井）验收。

4.2.2 排管安装验收

验收标准

（1）质量验收应符合要求。

（2）拉棒试通。安装完成后，进行拉棒试通，不合格接口处及时调整。管内预留通长铁丝以利于后续拉棒试通和清理。

（3）排管工程质量标准（见表 4-19）。

表 4-19 排管工程质量标准和检验方法

序号	检查项目	质量标准	单位
1	排管托架间距偏差	≤30	mm
2	排管排距及间距偏差	≤10	mm
3	中心线位置偏差	≤20	mm
4	标高偏差	0～20	mm
5	外观质量	不应有严重缺陷。对已经出现的严重缺陷，应由施工单位提出技术处理方案，并经监理（建设）、设计单位认可后进行处理。对经处理的部位，应重新检查验收	
6	排管和井的中心偏位	≤30	mm

验收要点

（1）管道主要材料根据设计方案选定，所用的管材均须满足《电力电缆用导管技术条件》（DL/T 802.1～802.6—2007）或其他相关标准的要求。管道应按其埋设深度处受力检验力学性能。

（2）进场管材必须检查管的规格、型号、壁厚，应有出厂合格证及检测报告。检查管道连接是否牢固，检查管材接口是否错开布置，检查管内是否清理干净。

（3）应根据管材的具体长度，每间隔 4～6m 沿管材方向浇筑混凝土或采取其他方式对管材进行固定。井间埋管应为直线，保证连接的管材之间笔直连接，承接口连接应牢固、可靠，不得出现错台、弯折现象（见图 4-25）。

（4）管材必须分层铺设，管材的水平及竖向间距应满足管材铺设、混凝土振捣等相关要求。管缝处需用细砂回填，管顶 250mm 以下回填细砂，回填砂必须灌入管间空隙。为保证回填质量，砂可分层回填。砂回填可辅以水沉法，保证管间回填密实。

（5）手锯切割的管材，断面应垂直平整，不应有损坏。

（6）电力排管管枕间距为 1.5～2m，管枕距接头处为 0.5m，距井外壁 0.5m，管枕圆孔内径应略比管材设计外径大 2～3mm，管枕尺寸严格一致，有足够的刚度和抗变形能力。管枕偏差在允许范围内，满足偏差要求。

图 4-25　对管材进行固定

（7）管道接口套好胶圈，上好套环。接口胶圈不卷边、不错位、不滑动，密封良好。

（8）安装管道坡度与设计坡度一致，管道顺直（见图 4-26）。

（9）管材铺设完毕后，管道内应贯穿 8 号镀锌铁丝进行拉棒试通，不合格接口处及时调整，同时应采用管道疏通器对管道进行检查。管道疏通器应具有长度和硬度的要求。

图 4-26　安装管道坡度与
设计坡度一致

4.2.3　包封浇筑验收

验收标准

（1）检查混凝土强度和抗渗性能是否符合设计要求。

（2）现浇混凝土工程质量标准（见表 4-20）。

表 4-20　　　　　　　　　　　现浇混凝土工程质量标准

序号	检查项目	质量标准	单位
1	基础轴线位移	≤10	mm
2	基础标高偏差	±10	mm
3	基础截面尺寸偏差	−5～+8	mm
4	表面平整度	≤8	mm
5	蜂窝、麻面面积	1%	

验收要点

（1）排管一般采用素混凝土包封，当地面荷载较大，需要采用钢筋混凝土

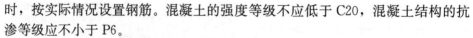

时，按实际情况设置钢筋。混凝土的强度等级不应低于 C20，混凝土结构的抗渗等级应不小于 P6。

（2）埋管端口封堵严实，无混凝土进入管道。

（3）现浇混凝土结构面表面应光洁，不得有蜂窝、麻面、漏筋等现象。

4.2.4　土方回填验收

验收标准

（1）检查对回填土材料应满足设计要求。检查回填土应分层夯实，压实系数应满足设计要求。

（2）土方回填工程质量标准（见表 4-21）。

表 4-21　　　　　　　　　　土方回填工程质量标准

检查项目			质量标准	单位
基底土性			必须符合设计要求和现行国家标准及行业标准的规定	
分层压实系数			必须符合设计要求	
标高偏差	场地平整	人工	±30	mm
		机械	±50	
		基坑、基槽	−50～0	
	回填土料		应符合设计要求	
	分层厚度及含水量		应符合设计要求	
表面平整度	基坑、基槽		≤20	mm
	挖方场地平整	人工	≤20	
		机械	≤20	
	细沙回填		管间应密实，回填高度应符合设计要求	

验收要点

（1）排管本体上部铺设有防止外力损坏的警示带，回填高度为地面修复高度。

（2）管群两侧的回填严格按均匀同步进行的原则回填。

（3）管顶以上 300mm 铺设有安全警示带。

4.2.5　竣工验收总结

（1）单位（子单位）工程质量验收应符合下列规定：①单位（子单位）工程所含分部（子分部）工程均应验收合格；②质量控制资料应完整；③单位（子单位）工程所含分部工程有关安全和功能的检测资料应完整；④主要功能项目的抽查结果应符合相关专业质量验收规范要求；⑤观感质量验收应符合要求。

（2）当工程质量不符合要求时，应按下列规定进行处理：①经返工的检验批准，应重新进行验收；②经有资质的检测单位检测鉴定能达到设计要求的检验批准，应予以验收；③经有资质的检测单位检测鉴定达不到设计要求，但经原设计单位核算认定能满足结构安全和使用功能的检验批准，可予以验收；④经返修或加固处理的分项、分部工程，虽然改变外形尺寸但仍能满足安全使用要求，可按技术处理方案和协商文件进行验收。

（3）通过返修或加固处理仍不能满足安全使用要求的分部工程、单位（子单位）工程，严禁验收。

（4）应符合相关标准、规范。包括《国家电网公司配电网工程典型设计（2016 年版）》、Q/GDW 10784.2—2017《配电网工程初步设计内容深度规定　第 2 部分：配电网电缆线路》及 GB 50300—2013《建筑工程施工质量验收统一标准》。

（5）检查外观的颜色，并对弯曲度、密度、维卡软化温度、环片热压缩力、摩擦系数、体积电阻率及落锤冲击试验进行复试。

（6）排管用的衬管应具有下列性能：物理化学性能稳定，有一定机械强度，对电缆外护层无腐蚀，内壁光滑、无毛刺，遇电弧不延燃。

备注：所有工程质量验收均应在施工单位自行检验的基础上进行。

4.2.6　非开挖拉管验收流程图 （见图 4-27）

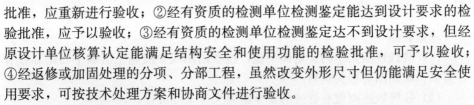

图 4-27　非开挖拉管验收流程图

4.2.6.1　验收准备

（1）技术、安全、质量准备。

1）应做好验收准备工作，熟悉勘察报告及设计图纸等资料。

2）技术、安全、质量。每个分项工程必须分级进行验收，详细了解每个分项工程验收要点，全体验收人员都要做好记录并签名，填写各类验收报告，形成书面验收记录。

（2）工器具准备（见表 4-22）。

表 4-22　　　　　　　　　　　　非开挖拉管工器具准备

序号	验收所需要准备的器具	准备情况
1	经纬仪	
2	水准仪	
3	测量仪	
4	钢尺	
5	靠尺	
6	锤子	

4.2.6.2 路径放线验收

验收要点

（1）放线现场无杂物、地面平整，检查勘测成果及施工区域平面图和拉管方案纵、断面图等相关资料。

（2）拉管轨迹离现有管线的安全距离大于 500mm。

4.2.6.3 工作坑、接收坑验收

质量验收标准

非开挖拉管工作坑及接收坑允许偏差见表 4-23。

表 4-23　　　　　　　　　非开挖拉管工作坑及接收坑允许偏差

序号	检查项目		允许偏差（mm）	检查数量	
				范围	点数
1	坑中心轴线位置		20	每座	沿管线水平轴线纵、横向各 1 点
2	坑底高程		±20		1 点
3	坑平面净尺寸		不小于设计要求		中心轴线长、宽各 1 点
4	钻机安装位置	基座（导轨）高程	±3		四角各 1 点
		轴线位置	3		沿管线水平轴线纵、横向 2 点
		倾角	±0.5°		1 点
5	坑内结构断面尺寸		+10，−5		每侧壁
6	始发、接收坑预留洞口	中心位置	20		每孔竖、水平各 1 点
		内径尺寸	±20		每孔垂直向各 1 点
7	始发、接收坑后靠壁	垂直度	0.1%H		每靠壁 1 点
		水平扭转度	0.1%L		

验收要点

（1）起始工作坑设置应满足下列要求：①应满足导向距离的要求；②应设在被铺设管线的中心线上；③回收钻进液坑设置在便于回收钻进液的位置上；④在钻进液调制箱旁设置钻进液储备装置；⑤钻进液储备装置和回收钻进液坑底及周边应进行围护。

（2）接收工作坑设置应满足下列要求：①应满足回收储存钻进液、回扩、管线回拖等；②应设置在被铺设管线的中心线上；③位置应满足导向距离的要求；④应便于钻杆的连接操作。

4.2.6.4 管线铺设验收

验收要点

（1）管材的性能、规格等应符合国家标准的规定和设计要求。

（2）管节端面的坡口角度、钝边、间隙应符合设计和焊接工艺要求。

（3）拖管就位，钻孔及管线外壁的间隙必须注浆加固，防止产生沉降。

（4）拖管就位，管线两端必须封堵、包扎。

（5）工作坑用原生土或其他材料回填并且压实，恢复到施工前的使用功能，现场整洁、无渣土及废弃物。

4.2.6.5 竣工验收总结

（1）单位（子单位）工程质量验收应符合下列规定：①单位（子单位）工程所含分部（子分部）工程均应验收合格；②质量控制资料应完整；③单位（子单位）工程所含分部工程有关安全和功能的检测资料应完整；④主要功能项目的抽查结果应符合相关专业质量验收规范要求；⑤观感质量验收应符合要求。

（2）当工程质量不符合要求时，应按下列规定进行处理：①经返工的检验批，应重新进行验收；②经有资质的检测单位检测鉴定能达到设计要求的检验批，应予以验收；③经有资质的检测单位检测鉴定达不到设计要求，但经原设计单位核算认定能满足结构安全和使用功能的检验批，可予以验收；④经返修或加固处理的分项、分部工程，虽然改变外形尺寸但仍能满足安全使用要求，可按技术处理方案和协商文件进行验收。

（3）通过返修或加固处理仍不能满足安全使用要求的分部工程、单位（子单位）工程，严禁验收。

（4）施工单位自检合格后，由专业测量单位测定已铺设管线的位置，绘出管线竣工测量图。

（5）通管试验所用"牛"的几何尺寸。外径为敷管内径的75%，长度依据所铺管道的最小弯曲半径确定。

（6）通管试验时所用的二端"牵牛"绳索必须使用坚实的尼龙绳，严禁使用钢丝绳。

（7）当拉管长度超过150m时，管内应预留牵引绳。

备注：所有工程质量验收均应在施工单位自行检验合格的基础上进行。

4.3 电 缆 敷 设 验 收

4.3.1 电缆敷设验收流程图（见图4-28）

图4-28 电缆敷设验收流程图

4.3.2 验收准备

（1）技术、安全、质量准备。

1）应做好验收准备工作，熟悉设计图纸等资料。

2）技术、安全、质量。每个分项工程必须分级进行验收，详细了解每个分项工程验收要点，全体验收人员都要做好记录并签名，填写各类验收报告，形成书面验收记录。

（2）工器具准备见表4-24。

表 4-24　　　　　　　　　　　电缆敷设验收工器具准备

验收所需要准备的器具	准备情况
游标卡尺	
钢尺	
靠尺	
测量仪	

4.3.3 到货验收

验收要点

（1）产品的技术文件应齐全。电缆型号、规格、长度应符合订货要求，电缆头及附件应齐全。

（2）电缆盘及包装应完好，标识应齐全，封端应严密。电缆外观不应受损，当外观检查有破损时，应进行受潮判断或试验。

（3）电缆导体表面应有光泽，无断线、松股、跳线、压伤和毛刺等缺陷；绝缘层、外护套表面应光滑平整、色泽均匀；无明显的鼓包、破口、褶皱、擦伤等现象；铠装层表面应光滑、圆整，不得存在卷边、毛刺、漏包等缺陷。

（4）电缆表面有喷码的需核对其品名、规格型号是否与订单要求一致。

（5）其长度误差不超过国家标准规定电缆总长度的 0.5%。

4.3.4 直埋敷设验收

验收标准

（1）直埋电缆的埋设深度一般由地面至电缆外护套顶部的距离不小于 0.7m，穿越农田或在车行道下时不小于 1m。在引入建筑物、与地下建筑物交叉及绕过建筑物时可浅埋，但应采取保护措施。

（2）直埋敷设于冻土地区时，宜埋入冻土层以下。当无法深埋时，可埋设在土壤排水性好的干燥冻土层或回填土中。

（3）电缆周围不应有石块或其他硬质杂物以及酸、碱强腐蚀物等。沿电缆全线上下设 100mm 厚的细土或沙层，并在上面加盖保护板，保护板覆盖宽度应超过电缆两侧各 50mm。

（4）单块保护板材料见表 4-25。

表 4-25 单块保护板材料表

类型	尺寸(mm)			混凝土 C20(m³)	构件质量(kg)
	长	宽	厚		
保护板（一）	400	200	35	0.0028	6.2
保护板（二）	640	500	50	0.016	40
	840	500	50	0.021	52.5
	1040	500	50	0.026	65
	1240	500	50	0.031	77.5

注 1. 保护板采用 C20 细石混凝土制作。
2. 电力符合采用红油漆绘出。

（5）直埋敷设电缆与其他电缆、管道、道路、构筑物等之间允许的最小距离应符合表 4-26 的规定。

表 4-26 自埋敷设电缆与其他电缆、管道、道路、构建物等之间最小允许距离

电缆自埋敷设时的配置情况		平行(m)	交叉(m)
电力电缆之间或与控制电缆之间	10kV 及以下	0.1	0.5*
	10kV 及以上	0.25**	0.5*
不同部门使用的电缆间		0.5*	0.5*
电缆与地下管沟及设备	热力管沟	2.0**	0.5*
	油管及易燃气管道	1	0.5*
	其他管道	0.5	0.5*
电缆与铁路	非直流电气化铁路路轨	3	1
	直流电气化铁路轨	10	1
电缆建筑物基础		0.6***	
电缆与公路边		1.0***	
电缆与排水沟		1.0***	
电缆与树木的主干		0.7	
电缆与 1kV 以下架空电杆		1.0***	
电缆与 1kV 以上架空线杆塔基础		4.0***	

注 1. 对于 1000m＜海拔≤4000m 的高海拔地区，电力电缆之间的相互间距应适当增加，建议表中数值调整为平行 0.2m，交叉 0.6m。
2. 对于 1000m＜海拔≤4000m 的高海拔地区，电缆应尽量减少与热力管道等发热类地下管沟及设备的交叉，当无法避免时，建议表中数值调整为平行 2.5m、交叉 1.0m。
* 用隔板分隔或电缆穿管时可为 0.25m。
** 用隔板分隔或电缆穿管时可为 0.1m。
*** 特殊情况可酌减且最多减少一半值。

图 4-29　直埋电缆沟深度

（6）直埋敷设电缆的覆土层中应敷设警示带，应在外力破坏高风险区域电缆通道宽度范围内两侧设置，如宽度大于 2m 应增加警示带数量。

验收要点

（1）直埋电缆沟深度（路面至电缆外护套距离）符合要求，一般路面不少于 0.7m，农田不少于 1m（见图 4-29）。

（2）电缆展放长度应按全长预留 1‰～2‰ 的裕度，在电缆接头处也要留有一定裕度。

（3）电缆敷设完毕后，电缆上覆盖有 100mm 的细沙或软土（见图 4-30），然后覆盖有保护板和警示带，保护板覆盖宽度要超出电缆两侧 50mm，保护板连接处应靠紧（见图 4-31）。

图 4-30　电缆上覆盖有 100mm 的细沙或软土

图 4-31　覆盖有保护板和警示带

4.3.5　排管敷设验收

验收要点

（1）排管内无尖刺和杂物，影响电缆运行安全。

（2）工井内的电缆固定在电缆支架上，并将排管口用管线封堵器进行封堵。排管口封堵示意图如图 4-32 所示。

4.3.6　电缆沟敷设验收

验收要点

（1）电缆应排列整齐，走向合理，不宜交叉（见图 4-33）。

图 4-32　排管口封堵示意图

（2）高、低压电力电缆以及强电、弱电控制电缆应按顺序分层配置。

（3）电缆在任何敷设方式及其全部路径条件的上下左右改变部位，最小弯曲半径均应满足设计或规范要求，电缆的允许弯曲半径，应符合电缆绝缘及其构造特性的要求，一般大于电缆外径 15 倍（见图 4-34）。

电缆的允许弯曲半径，应符合电缆绝缘及其构造特性的要求，一般大于电缆外径15倍

图 4-33　电缆应排列整齐，走向合理，　　　　图 4-34　电缆的允许弯曲半径
　　　　　　不宜交叉

4.3.7　电缆终端、接头制作验收

验收要点

（1）应根据电缆终端和电缆的固定方式，确定电缆终端的制作位置（见图 4-35）。

（2）电缆终端制作时应避开潮湿的天气且尽可能缩短绝缘暴露的时间。如在制作过程中遇雨雾等潮湿天气应及时停止作业，并做好防潮措施。

（3）制作电缆终端头时，应按产品说明书要求尺寸剥除外绝缘层、铠装层，并制作电缆终端头分支手套，三叉头处应用填充胶带、防水胶带填充饱满（见图 4-36）。

（4）分支手套应尽可能向电缆终端根部拉近，避免有空气滞留。三相过渡应自然、弧度应一致，分支手套、延长护管及电缆终端等应与电缆接触紧密。

（5）电缆半导层剥离时，应避免损伤电缆内部主绝缘层。如电缆内部主绝缘层受损，应进行打磨清洁处理，确保表面光滑无伤痕（见图 4-37）。

图 4-35　确定电缆终端的制作位置

图 4-36　制作电缆终端头　　　　　　图 4-37　电缆半导层剥离

（6）电缆半导层与主绝缘层过渡处应做倒角处理，使其平滑过渡，并进行打磨清洁（见图 4-38）。

（7）多段护套搭接时，上部的绝缘管应套在下部绝缘管的外部，搭接长度符合要求（无特别要求时，搭接长度不得小于 10mm）。

（8）确认电缆相序与主线一致时，应粘贴相色标（见图 4-39）。

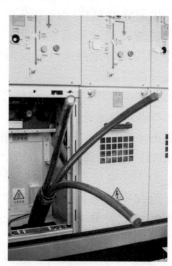

图 4-38　电缆半导层与主绝缘层　　　图 4-39　确认电缆相序与主线
　　　过渡处应做倒角处理　　　　　　　　一致时，应粘贴相色标

（9）在制作电缆工型终端头时，依照产品说明书安装尺寸，安装应力锥。

在压接端子时，应沿电缆本体方向由上而下依次压接后，对压接端子进行打磨清洁处理，并做好填充及防潮措施。

（10）电缆终端头制作完毕应对该回电缆进行交流耐压试验。试验合格后，依照产品说明书，将电缆 T 形套管尽可能推入应力锥，确保从 T 形头套管的界面可看到压接端子。

（11）将双头螺栓拧入设备套管中，用力矩扳手以 30N·m 的力矩拧紧螺栓。

（12）将 T 形电缆头前插套管推入设备套管时，双头螺栓穿过压接端子，用力矩扳手以 40N·m 的力矩拧紧。

（13）电缆终端安装时应先安装应力管，再安装外部绝缘护管和雨裙，安装位置及雨裙间距应满足规定要求。

（14）电缆钢铠接地与设备本体接地应连接可靠，接地电阻应小于 5Ω。

（15）电缆终端头及电缆本体应悬挂标识牌（见图 4-40）。

（16）电缆 T 形终端头套管与设备本体接地应连接可靠。终端头套管接地效果图如图 4-41 所示。

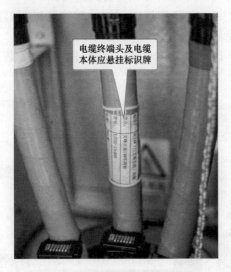

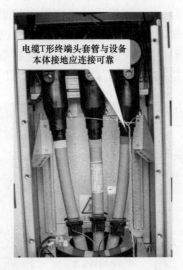

图 4-40　电缆终端头及电缆本体　　　图 4-41　终端头套管接地效果图
　　　应悬挂标识牌

验收要点

（1）电缆中间接头。

1）电缆中间接头在沟内制作，制作电缆中间接头时，应按产品说明书要求尺寸剥除外绝缘层、铠装层。剥除铠装层时，其圆周锯痕深度应不超过 2/3 钢铠厚度。剥除外绝缘层时，外绝缘层断口以下 100mm 部分用砂纸打毛并清洗干净，在电缆线芯分叉处将线芯校直、定位（见图 4-42）。

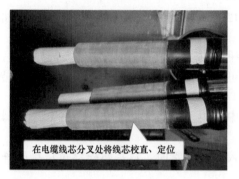

图 4-42　剥除电缆外绝缘层

2）电缆中间接头制作时应避开潮湿的天气且尽可能缩短绝缘暴露的时间。如在安装过程中遇雨雾等潮湿天气应及时停止作业，并做好防潮措施。

3）剥除内护套时，在剥除内护套处用剥线刀横向切一环形痕，深度不超过内护套厚度的一半。

4）电缆半导层剥离时，应避免损伤电缆内部主绝缘层，如电缆内部主绝缘层受损，应进行打磨清洁处理，确保表面光滑无伤痕。

5）根据说明书依次套入管材，顺序不得颠倒，所有管材端口应用塑料薄膜封口。

6）电缆绝缘层的切断面与电缆的轴向夹角约 45°角，并进行打磨清洁处理。清洁绝缘时，应由线芯绝缘端部向半导应力控制管方向进行。

7）在压接端子时，应沿对接管中心向两侧依次压接，对接管进行打磨清洁处理，并做好填充及防潮措施（见图 4-43）。

8）依照产品说明书，在连接管上绕包半导电带，两端与内半导屏蔽层应紧密搭接，并做好防潮措施（见图 4-44）。

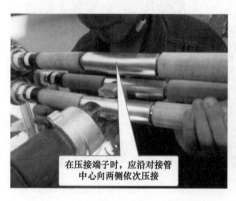

图 4-43　压接端子

图 4-44　在连接管上绕包半导电带

9）内绝缘管及屏蔽管两端绕包密封防水胶带，应拉升 200%，绕包应完整紧密，两边搭接外半导层和内外绝缘管、屏蔽管不得少于 30mm。

10）固定铜屏蔽网应使用预应力钢绑扎带，与电缆铜屏蔽层可靠搭接。

11）冷缩中间接头的绕包防水胶带应将防水胶带拉伸至原来宽度 3/4，半重叠绕包，覆盖接头两端的电缆内护套，搭接电缆外护套不少于 150mm。完成后，双手用力挤压所包胶带，使其紧密贴附，进行灌胶防水处理，放置 30min

后方可进行电缆接头搬移工作。中间接头防水处理示意图如图 4-45 所示。

12）电缆中间接头制作完成后应悬挂标识牌，标识牌上应注明电缆编号、规格、型号及电压等级。

13）电缆中间接头弯曲半径要符合 GB 50217—2018《电力工程电缆设计标准》。

14）电缆中间接头试验相关数据应符合电力工程相关电气试验规范。

（2）电缆熔接头。

1）制作电缆熔接头时，应有独立的操

图 4-45　中间接头防水处理示意图

作空间和隔离间，尽量避免在潮湿、粉尘飞扬、腐蚀性气体的环境下进行，作业现场应采取防尘、防雨水措施，以隔绝不良环境状态对产品安装制作过程的影响。

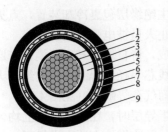

图 4-46　电缆结构示意图

1—镀锡铜导体；2—半导电尼龙带；
3—导体屏蔽；4—绝缘；
5—绝缘屏蔽；6—半导电尼龙带；
7—镀锡铜丝屏蔽；8—薄型高阻带；9—外护套

2）制作电缆熔接头时，应按产品说明书要求的尺寸剥除外绝缘层和钢铠层。剥除铠装层时，其圆周锯痕深度应小于 2/3 钢铠厚度。剥除外绝缘层时，外绝缘层断口以下 100mm 部分用砂纸打毛并清洗干净，在电缆线芯分叉处将线芯校直、定位。电缆结构示意图如图 4-46 所示。

3）按产品说明书要求的尺寸，用 PVC 胶带固定需要剥除铜屏蔽的位置，将铜屏蔽层剥离时应避免划伤半导层。

4）按产品说明书要求的尺寸剥除半导层，应注意避免划伤电缆主绝缘层。若电缆主绝缘层划伤，应做打磨处理。

5）按产品说明书要求的尺寸剥除主绝缘层，应注意避免划伤线芯。

6）在电缆主绝缘层切断处应按要求做倒角处理。先用 240 号砂纸打磨电缆主绝缘层，隐约可见内半导电层时再用 600 号砂纸打磨使其光滑，应无明显划痕和导电颗粒。电缆绝缘层示意图如图 4-47 所示。

7）按产品说明书要求依次套入熔接所需要材料，注意材料套入的位置、先后顺序及方向，以避免无法顺利安装制作。

8）焊接线芯导体时，应确保两端电缆左右、上下平行在同一水平面上，支撑牢固、不走位、不晃动，两端电缆同心轴相差不大于 0.2mm。电缆线芯熔接示意图如图 4-48 所示。

图 4-47　电缆绝缘层示意图

图 4-48　电缆线芯熔接示意图

9）调节好两端线芯截面口的距离，安装好焊接模具（垂直于水平的两端电缆断口上，平均分布固定），锁紧焊接模具，配置与电缆规格相应的焊粉，在焊模导流孔上端放置金属片（见图 4-49）。

图 4-49　安装焊接模具

10）在电缆主绝缘层包裹冷却装置，点火焊接时，注意防止人员被电弧灼伤。

11）熔接完成，待自然冷却后拆模，打磨电缆线芯至与原线芯等径，焊缝金属应细密无裂纹、夹渣及表面气孔等缺陷（见图 4-50）。

12）恢复内半导层时，在内半导层上均匀缠绕绝缘硫化带，两边搭接在原内半导层，绕包应圆整紧密。

13）熔接和交联主绝缘层时，用加热带缠绕新裹上的绝缘层，利用智能温控仪开始加热，让电缆主绝缘层温度达到 180℃保持 40min，让新绝缘层和老绝缘层充分交联。

14）主绝缘层熔接后，应采取物理降温，再用砂纸抛光，检查新熔接的电缆主绝缘层是否有气泡或杂质等缺陷，并将主绝缘层抛光（见图 4-51）。

图 4-50　打磨电缆线芯至与原线芯等径

图 4-51　主绝缘层熔接后的处理

15）打磨电缆主绝缘层时，绝缘表面和半导层部分要精细打磨，绝缘和半导层过渡要平顺，打磨砂纸的型号必须由小到大依次使用。如果绝缘面上有凹坑，必须将凹坑处上下扩大打磨，使该凹陷平滑过渡。

16）恢复外半导层时，从其中一端的原半导层断口处向另一端断口处均匀涂抹半导电漆，待自然风干后再次均匀涂抹半导电漆，涂抹三遍后检查半导电漆是否均匀、有无气泡等缺陷。

17）绕包半导带时应拉伸 200%，在原半导层处搭接，分为两段依次叠压 1/2 进行绕包，绕包后的半导层应圆整紧密（见图 4-52）。

18）恢复电缆屏蔽层时应将铜网与原有铜屏蔽层进行搭接，叠压 1/2 进行绕包并用预应力钢绑扎带进行固定（见图 4-53）。

图 4-52　绕包后的半导层应圆整紧密　　　　图 4-53　恢复电缆屏蔽层

19）恢复填充层时，将电缆原有的填充层按线芯方向进行填充，并用 PVC 胶带进行固定。

20）恢复内护套层时应将绝缘胶带拉伸 200%，在原内护套处搭接，依次叠压 1/2 进行绕包，绕包后的内护套层应圆整紧密。

21）恢复钢铠层时，从原有钢铠层断开口处依次叠压 1/2 进行绕包。

22）按产品说明书要求，恢复电缆外绝缘层绕包防水胶带时，应将防水胶带拉伸至原来宽度的 3/4 半重叠绕包，搭接电缆原外护套不少于 150mm，完成后双手用力挤压所包胶带使其紧密贴附，放置 30min 后方可进行电缆接头搬移工作。

23）电缆熔接头制作完成后应悬挂标识牌，标识牌上应注明电缆编号、规格、型号及电压等级。

24）电缆熔接头弯曲半径要符合 GB 50217—2018《电力工程电缆设计标准》。

25）电缆熔接头试验相关数据应符合电力工程相关电气试验规范。

4.3.8 电缆附件安装验收

4.3.8.1 防火墙验收

验收标准

（1）验收资料应包括设计施工图纸、设计变更、施工安装记录、产品说明书及合格证等。

（2）防火隔板安装牢固，无缺口，缝隙外观平整；有机堵料封堵严密牢固，无漏光、漏风、裂缝和脱漏现象，表面光洁、平整；无机堵料封堵表面光洁，无粉化、硬化、开裂等缺陷；阻火包堆砌采用交叉堆砌方式且密实、牢固、不透光，外观整齐。

验收要点

（1）敷设阻燃电缆的电缆沟每隔 80～100m 设置一个防火墙，敷设非阻燃电缆的电缆沟宜每隔 60m 设置一个防火墙；变电站、开关站电缆沟出口，以及设备两侧、电缆沟分支处必须设置。防火墙效果图如图 4-54 所示。

图 4-54 阻燃电缆的电缆沟每隔 80～100m 设置一个防火墙

（2）防火墙前电缆应理顺并固定，电缆在封堵处不应产生应力，以免使封堵处变形和电缆受损。

（3）用膨胀螺栓将热镀锌角钢固定在电缆沟内壁，每层宜用 3 个螺栓。

（4）顶层支架宜预留备用电缆穿孔。采用 PVC 管，管中须用有机堵料封堵。

（5）防火墙两侧采用标准厚度的防火隔板分隔，防火墙中间设置无机堵料、阻火包或耐火砖堆砌，其厚度一般不小于 250mm。填充物应密实，上部应与电缆沟顶部平行。

（6）防火墙两侧的电缆周围利用有机堵料进行密实的分隔包裹，其两侧厚度高出防火墙表层 20mm，电缆周围的有机堵料宽度不得小于 30mm，呈几何图形，面层应平整。防火墙封堵效果图如图 4-55 所示。

（7）防火墙顶部用有机堵料填平整，并加盖防火隔板；底部必须留有排水孔洞（见图 4-56）。

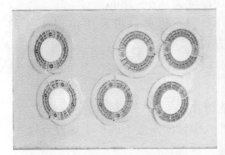

图 4-55　防火墙封堵效果图

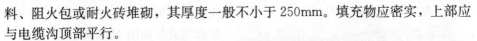

图 4-56　防火墙顶部和底部处理

（8）防火墙须采用热镀锌角钢做支架进行固定。

（9）沟底、防火隔板的中间缝隙应采用有机堵料做线脚封堵，厚度高出防火墙表层 10mm，宽度不得小于 20mm，呈几何图形，面层应平整，效果图如图 4-57 所示。

（10）防火墙上部的电缆井盖上应涂刷红色的明显标记。

4.3.8.2　防火涂料验收

验收标准

（1）防火涂料粉刷后，水内浸泡 7d 涂层应无起皱、剥落，起泡处在标准环境条件下 24h 内基本恢复。

（2）防火涂料耐火性。碳化高度小于 2.5mm，涂层表面裂纹宽度不应大于 0.5mm。

（3）防火涂料表面光洁、厚度均匀。

（4）防火包带按叠加 1/2 包带宽度的规定均匀缠绕，不应有松散现象。

图 4-57　沟底、防火
隔板的中间缝隙效果图

验收要点

（1）防火包带安装或防火涂料的涂刷位置一般在防火墙两端和电缆接头两侧的 2～3m 长区段。在变电站出口、开关站电缆通道内等电缆密集区域，应缠

图 4-58 防火涂料涂刷效果图

绕防火包带或涂刷防火涂料。防火涂料涂刷效果如图 4-58 所示。

（2）水平敷设的电缆，沿电缆走向涂刷均匀；垂直敷设的电缆，自上而下涂刷均匀。电缆密集和束缚时，逐根涂刷，涂刷要整齐。绝缘聚氯乙烯电缆，一般直接涂刷 5 次以上，涂层厚度为 0.5~1mm。

（3）防火包带采用单根绕包的方式。

4.3.8.3　防爆槽盒验收

验收标准

（1）螺栓齐全和紧固，螺栓或螺孔不能滑扣。

（2）螺栓、螺母规格一致，紧固螺栓拧入螺母的深度不能小于螺栓直径。

（3）防爆槽盒表面和内部完整，无裂缝、锈蚀。

（4）防爆槽盒应无任何间隙及出现漏水情况。

（5）防火包带按叠加 1/2 包带宽度的规定均匀缠绕，不应有松散现象。

验收要点

（1）防爆槽盒具备耐腐蚀性、耐火性、抗爆、抗外力性，并提供型式试验报告。

（2）防爆槽盒应放置在电缆固定支架上。

（3）槽盒两端用绝缘封堵料进行封堵，确保无间隙、无渗水。

（4）用防火阻燃包带对封堵口进行缠绕，并与电缆连接，确保紧密、无间隙（见图 4-59）。

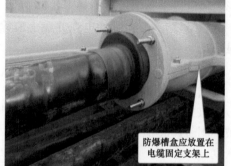

防爆槽盒应放置在电缆固定支架上

图 4-59　用防火阻燃包带对封堵口进行缠绕

4.3.8.4　防水封堵验收

验收标准

（1）管线隐患消除器安装后，水深 2m 以上电缆管道不得进水。

（2）管线隐患消除器固定件必须是 304 不锈钢材质，螺母采用镶嵌黄铜材质。

（3）所有材质阻燃级别 FV-0。

（4）施工完毕后，井下应清理干净。

验收要点

（1）管线隐患消除器具备防腐蚀、耐热、抗老化、耐低温、阻燃及重复使用性能。

（2）严格按防水封堵的安装要求安装管线隐患消除器。

（3）安装上的管线隐患消除器应严实可靠，不应有明显的裂缝和可见的孔隙。

4.3.8.5　电缆标识桩、标示牌验收

验收标准

（1）直埋电缆路径标识应清晰、牢固，与实际路径相一致。

（2）电缆标识牌应悬挂牢固，绑扎带须采用尼龙扎带。

验收要点

（1）电缆标识桩、牌应具备抗腐蚀、无变形、无褪色、耐老化、适温性能好且标志明显。电缆标识桩埋设效果图如图 4-60 所示。

（2）电缆铭牌具有自重轻、抗腐蚀、耐老化、绝缘性、密封性，并具备全天候防护功能。

（3）电缆标识桩、牌应与地面保持水平，电缆通道直线段电缆标识桩、牌每隔 20m 设置一处。当电缆路径在绿化隔离带、灌木丛等位置时，高出地面150mm，可每隔 50m 设置一处（见图 4-61）。

图 4-60　电缆标识桩埋设效果图　　　　图 4-61　电缆标识桩、牌

（4）每个转角处应根据电缆的走向埋设电缆标识桩一个。

（5）电缆中间每处接头都应埋设一个电缆中间头标识桩。

（6）电缆交叉转弯处每隔 5~10m 埋设标识桩。

（7）电缆进出工井隧道及建筑物时，应在出口两侧埋设标识桩。

（8）在电缆引出端、终端、中间接头处、进出建筑物处、拐弯处、夹层内、隧道及竖井两端、人井内等地方，应在电缆上装设标识牌。电缆沟、隧道内电缆本体上每隔 50m 加挂电缆标识牌。电缆排管进、出井口处加挂电缆标识

牌。标识牌的字迹应清晰、不易脱落，规格应统一，材质应能防腐，挂装应牢固。并联使用的电缆应有顺序号（见图 4-62）。

图 4-62　在电缆上装设标识牌

（9）电缆标识牌规格应为 80mm×150mm，白底红字，电缆标识牌样式如图 4-63 所示。

> 10kV庆6# (Ⅱ文峰东线)
>
> ZC-YJV22-8.7/15kV-3*400　　　　长度：523米
>
> 起点：庆阳变电站庆6#(Ⅱ文峰东线)间隔
>
> 终点：庆6#(Ⅱ文峰东线) 6#环网柜

图 4-63　电缆标识牌样式

（10）在电杆下线时，电缆终端头标识牌应绑扎（粘贴）在电缆保护管顶端（电缆保护管宜高 2.5m）。箱体内电缆终端标识牌绑扎在电缆终端头处，电缆中间接头标识牌置于电缆中间接头两侧 1.5m 处，电缆终端头和电缆中间接头标识牌样式一样。

4.3.9　竣工验收总结

（1）纸绝缘电力电缆线路的试验验收标准（见表 4-27）。

表 4-27　　　　　　　　纸绝缘电力电缆线路试验验收标准

序号	试验项目	试验周期	试验标准	说明
1	绝缘电阻	定期试验：6 年	自行规定	额定电压 0.6/1kV 电缆用 1000V 绝缘电阻表；0.6/1kV 以上电缆用 2500V 绝缘电阻表；6kV 及以上电缆也可用 5000V 绝缘电阻表 6kV 及以下电缆的泄漏电流小于 10μA，

续表

序号	试验项目	试验周期	试验标准	说明
2	直流耐压	（1）定期试验：6年 （2）大修新做终端或接头后	（1）试验电压值按下表规定（加压时间不少于5min） <table><tr><td>电缆额定电压U_0/U(kV)</td><td>直流试验电压(kV)</td></tr><tr><td>0.6/1</td><td>4</td></tr><tr><td>1.8/3</td><td>12</td></tr><tr><td>3.6/6</td><td>24</td></tr><tr><td>6/6</td><td>30</td></tr><tr><td>6/10</td><td>40</td></tr><tr><td>8.7/10</td><td>47</td></tr><tr><td>21/35</td><td>105</td></tr><tr><td>26/35</td><td>130</td></tr></table>（2）耐压5min时的泄漏电流值不应大于耐压1min时的泄漏电流值。 （3）三相之间的泄漏电流不平衡系数（最大值与最小值之比）不应大于2	10kV及以上电缆的泄漏电流小于20μA时，对不平衡系数不作规定
3	相位检查	（1）投运前 （2）必要时	与电网相位一致	

（2）橡塑绝缘电力电缆线路的试验验收标准（见表4-28）。

表4-28　　　　　　橡塑绝缘电力电缆线路的试验验收标准

序号	试验项目	试验周期	试验标准	说明
1	电缆主绝缘电阻	（1）投运前。 （2）新做终端或接头后	大于1000MΩ	额定电压0.6/1kV电缆用1000V绝缘电阻表；0.6/1kV以上电缆用2500V绝缘电阻表；6kV及以上电缆可用5000V绝缘电阻表
2	电缆外护套、内衬层绝缘电阻	（1）投运前。 （2）定期试验：3年。 （3）必要时	每千米绝缘电阻值不应低于0.5MΩ	（1）用500V绝缘电阻表。 （2）当绝缘电阻低于标准时应采于相关标准规定的方法判断是否进水。 （3）110kV及以上电缆进行外护套测试，无外电极时不做

续表

序号	试验项目	试验周期	试验标准	说明
3	带电测试外护层接地电流	投运后	一般不大于电缆负荷电流值的10%	用钳形电流表测量
4	铜屏蔽层电阻和导体电阻比（RP/RX）	(1) 投运前。(2) 大修新做终端或接头后。(3) 必要时	较投运前的电阻比增大时，表明铜屏蔽层的直流电阻增大，有可能被腐蚀；电阻比减小时表明附件中的导体连接点的电阻有可能增大。数据自行规定	(1) 测量在相同温度下的铜屏蔽层和导体的直流电阻。(2) 终端以及中间接头的安装工艺，必须符合相关标准的要求才能测量，不符合此附录者不测量

序号5，试验项目：电缆主绝缘交流耐压，试验周期：(1) 投运前。(2) 大修新做终端或接头后。(3) 必要时

试验标准：

（1）0.1Hz 耐压试验（35kV 及以下），新投运时：$3U_0/60min$；预试时：$2.1U_0/5min$；

（2）20～300Hz 谐振耐压试验，耐受电压按下表选取，耐受时间为 5min

说明：不具备试验条件时可用施加。正常系统相对地电压 24h 方法替代

$U_0//U$ (kV)	投运前		投运中	电压值 (kV)
	倍数	电压值 (kV)	倍数	
1.8/3	$2U_0$	3.6	$1.6U_0$	3
3.6/6	$2U_0$	7.2	$1.6U_0$	6
6/6	$2U_0$	12	$1.6U_0$	10
6/10	$2U_0$	12	$1.6U_0$	10
8.7/10	$2U_0$	17.4	$1.6U_0$	14
12/20	$2U_0$	24	$1.6U_0$	19
21/35	$2U_0$	42	$1.6U_0$	34
26/35	$2U_0$	52	$1.6U_0$	42
64/110	$1.7U_0$	109	$1.36U_0$	87
127/220	$1.4U_0$	178	$1.12U_0$	146

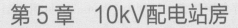

第5章 10kV配电站房

5.1 验 收 流 程

主要验收流程包括：隐蔽工程验收（土建、电气）、建筑功能验收、电气设备安装验收三个关键环节。

5.2 验 收 准 备

5.2.1 各个验收阶段提前明确各部门参与验收人员名单。

5.2.2 准备验收所需的技术协议、图纸、隐蔽照片、设计变更等技术资料。

5.2.3 准备验收所需的水准仪、经纬仪、水平尺、钢卷尺、多功能检测尺、接地电阻测试仪等测量/计量仪器等。

5.3 隐 蔽 工 程 验 收

5.3.1 接地装置安装验收

验收标准

（1）测试接地装置的接地电阻值必须符合设计要求。

（2）人工接地装置或利用建筑物基础钢筋的接地装置必须在地面以上按设计要求位置设测试点。

（3）防雷接地的人工接地装置的接地干线埋设，经人行通道处埋地深度不小于1m且应采取均压措施或在其上方铺设卵石或沥青地面。

（4）当设计无要求时，接地装置顶面埋设深度不应小于0.6m。圆钢、角钢及钢管接地极应垂直埋入地下，间距不应小于5m。接地装置的焊接应采用搭接焊，搭接长度应符合下列规定：①扁钢与扁钢搭接为扁钢宽度的2倍，至少三面施焊；②圆钢与圆钢搭接为圆钢直径的6倍，双面施焊；③圆钢与扁钢搭接为圆钢直径的6倍，双面施焊；④扁钢与钢管，扁钢与角钢焊接，紧贴角钢外侧两面，或紧贴3/4钢管表面，上下两侧施焊。

（5）除埋设在混凝土中焊接接头外，有防腐措施。

验收要点

（1）水平接地采用 5mm×50mm 镀锌扁钢（见图 5-1）；垂直接地极采用∠50mm×5mm 镀锌角钢制成，长度为 2500mm（见图 5-2）。

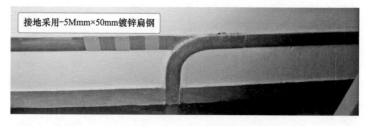

图 5-1　水平接地采用 5mm×50mm 镀锌扁钢

图 5-2　垂直接地极采用∠50mm×5mm 镀锌角钢

（2）工作接地带采用 5mm×50mm 镀锌扁钢，并刷黄绿相间漆，其顺序从左至右先黄后绿，宽度为 100mm（见图 5-3）。沿墙明敷 1 圈，距室内地坪 300mm，离墙间隙 20mm；过门处入地暗敷，两头引出地面与沿墙明敷接地连接（见图 5-4）。

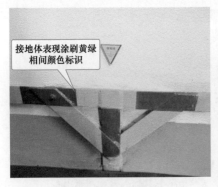

图 5-3　工作接地带

图 5-4　工作接地带沿墙明敷 1 圈

（3）接地装置埋深不小于 600mm，相邻接地极之间距离不小于 5000mm（见图 5-5）；扁钢之间连接应采用搭接焊，搭接长度不小于 100mm，应三边施焊；焊接部分应作两遍防腐处理。在十字搭接处，应采取弥补搭接面不足的措施满足上述要求，具体参照国标 GBJ 232—1982《电气装置安装工程施工》。

图 5-5　接地装置埋深

（4）电缆沟内通常接地采用 5mm×50mm 的镀锌扁钢（见图 5-6、图 5-7）。

图 5-6　电缆沟内通常接地采用 5mm×50mm 的镀锌扁钢

电缆支架横平竖直

图 5-7　标准电缆支架

（5）接地装置的接地电阻不大于 4Ω，对于土壤电阻率高的地区，如电阻实测值不满足要求，不允许使用降阻剂，须以增加接地极的形式满足标准要求。如开关站采用建筑物的基础做接地极且主体建筑接地电阻小于 1Ω，可不另设人工接地（见图 5-8）。

接地装置之间的连接需可靠，搭接的长度为宽度的2倍且3面满焊。

图 5-8　开关站接地装置

（6）接地装置的施工满足 GB 50169—2016《电气装置安装工程接地装置施工及验收规范》的规定。

接地装置搭接采用预制"机械冷熄弯接头"工艺（见图 5-9），保证搭接面积满足规范要求，增强接地可靠性。

（7）接地网、电缆支架、预埋钢管等所有铁件均需做热镀锌处理（见图 5-10），若在高腐蚀性地区接地体材料可选用铜镀钢或石墨。金属电缆支架须可靠接地。

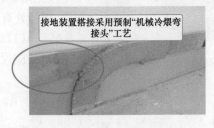

图 5-9 接地装置搭接采用预制"机械冷煨弯接头"工艺

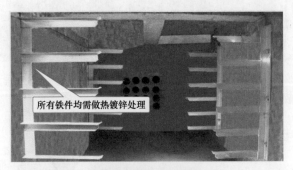

图 5-10 所有铁件均需做热镀锌处理

图 5-11　开关柜基础槽钢与主接地网连接可靠连接

（8）开关柜基础槽钢应不少于两点与主接地网连接（见图 5-11）。

（9）套建在建筑物内时，接地网应与主接地网可靠连接。

（10）建筑物内的接地网应采用暗敷的方式，并留有接地试验端子（见图 5-12）。设备基础与沿墙接地带搭接处有明显的搭接处（见图 5-13）。

（11）接地线引出建筑物内的外墙处应设置接地标识（见图 5-14）。

图 5-12　建筑物内的接地网应暗敷并留接地试验端子

图 5-13　设备基础与沿墙接地带搭接处有明显的搭接处

5.3.2　电缆沟、设备基础预埋件

验收标准

（1）电缆沟盖板均可开启，选用钢筋混凝土盖板，盖板四周用∠50mm×5mm 角钢包边。一次沟盖板尺寸为双（单）列布置：宽×长×厚＝900（1100）mm×500mm×50mm；二次沟盖板尺寸：宽×长×厚＝500mm×400mm×50mm。活动沟盖板每隔 5m 设置一块，如图 5-15 所示。

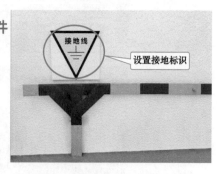

图 5-14　接地线引出建筑物内的外墙处应设置接地标识

（2）电缆沟应采取防水措施，其底部应做不小于 0.5％的坡度坡向集水坑（井）（尺寸为 500mm×500mm×500mm），积水经逆止阀直接接入排水管道或经积水坑（井）用泵排出。

（3）电缆通过电缆沟进入开关站内时，应采用防火墙进行隔断。

（4）预埋槽钢不直及不平整度。不直度小于 1mm/m，全长小于 5mm；水平度小于 1mm/m，全长小于 5mm；位置误差及不平行度小于 5mm。槽钢上平面高出室内地坪 10mm（见图 5-16）。

验收要点

（1）土建基础采用框架或基础砖混结构，电缆沟方案要求。双列布置，宽×深＝800mm×1500mm，单列布置宽×深＝1000mm×1500mm；电缆夹层方案：1800mm≤深度≤2200mm。

图 5-15　电缆沟盖板验收标准

图 5-16　预埋槽钢平整度

（2）电缆沟盖板验收要点与验收标准一致（见图 5-17）。

图 5-17　电缆沟盖板均可开启，选用钢筋混凝土盖板

（3）电缆沟防水措施（见图 5-18），其底部应做≥0.5％的坡度坡向集水坑（井）（尺寸：500mm×500mm×500mm，见图 5-19），积水经逆止阀直接接入排水管道或经积水坑（井）用泵排出。

图 5-18　电缆沟应采取防水措施　　图 5-19　底部应做≥0.5%的坡度

电缆沟顺直，沟底排水通畅、无积水。沟道中心线位移偏差不大于 10mm，沟道截面尺寸偏差不大于 3mm，沟壁垂直度偏差不大于 3mm，沟壁表面平整度偏差不大于 3mm（见图 5-20）。

图 5-20　电缆沟顺直，沟底排水通畅、无积水

（4）电缆通过电缆沟进入开关站内时，应采用防火墙进行隔断，参照《电缆防火封堵标准》施工（见图 5-21）。

（5）开关站内高、低压柜基础预埋 10 号槽钢（见图 5-22），槽钢及埋件均需采用热镀锌防腐（见图 5-23）。

图 5-21　电缆通过电缆沟进入开关站内时，应采用防火墙进行隔断

图 5-22　高、低压柜基础预埋 10 号槽钢　　图 5-23　槽钢及埋件均需采用热镀锌防腐

（6）电缆沟内支架制作如图 5-24 所示，沟内宜设 6 层电缆支架，电缆支架长度宜为 350mm 且电缆支架末端 50mm 处应向上倾斜 10°，并结合开关站电缆进出线终期发展建设需求。

图 5-24　电缆沟内支架制作

（7）预埋槽钢不直及不平整度。不直度小于 1mm/m，全长小于 5mm；水平度小于 1mm/m，全长小于 5mm；位置误差及不平行度小于 5mm。槽钢上平面高出室内地坪 10mm（见图 5-25）。

图 5-25　预埋槽钢不直及不平整度

（8）预留柜位选用厚度不小于 3mm 螺纹钢板覆盖（见图 5-26）。

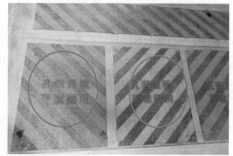

图 5-26　预留柜位选用厚度不小于 3mm 螺纹钢板覆盖

5.4　建筑物功能验收

5.4.1　主体建筑

验收标准

（1）开关站耐火等级不低于二级，屋顶承重构件应为二级。地上独立开关站宜为坡顶，防水级别为 2 级。

（2）内外墙粉刷、建筑装饰装修效果满足现行国家及行业规定，满足设计要求。

（3）预埋孔洞、预埋件满足设计图纸要求。

（4）建筑物排水满足设计功能要求。

验收要点

（1）开关站室内设备层净高度不小于 3.6m。开关站平面形状应为规则矩形，尺寸要求：双列布置时，长度为 14m，宽度为 8.5m；单列布置时，长度为 25.5m，宽度为 5.5m。若开关站内墙面遇有柱类局部突出时，需考虑突出部位对柜后净距离的影响，开关站尺寸须仍能满足以上标准对柜后净距离的要求（见图 5-27）。

图 5-27　开关站平面形状

（2）开关站内地坪须为同一标高（见图 5-28）。

图 5-28　开关站内地坪须为同一标高

（3）位于地上的开关站，室内标高不得低于所处地理位置居民楼一层的室内标高且室内外地坪高差不小于 500mm（见图 5-29～图 5-32）。

图 5-29　室外台阶实体效果　　　　　图 5-30　室外坡道实体效果展示

图 5-31　室外坡道施工效果　　　　　　图 5-32　室外坡道设置导向标识

（4）开关站主体建筑设计要具备现代工业建筑气息，建筑造型和立面色调要与周边人文地理环境协调统一；外观应简洁、实用（见图 5-33）。

（5）开关站耐火等级不低于二级，屋顶承重构件应为二级。地上独立开关站宜为坡顶，防水级别为2级。

（6）开关站需有保证设备运输的通道。净宽度不小于 2100mm，高度不小于 2700mm；若无设备进出通道，应在地面建筑物内设置专用吊物孔，占

图 5-33　配电站房实体效果全景展示图

用面积和高度应能保证最大设备起吊和进出。

考虑运输设备对通道宽度要求、接地干线离墙距离，设备运输门所在的墙体距离周边建筑物净距离不小于 3m，其余墙体距离周边建筑物净距离不小于 2m（见图 5-34、图 5-35）。

图 5-34　坡道宽度须满足设计需求　　　图 5-35　坡道接缝处理美观

（7）配电站房建筑物须设置散水，保证外围排水通畅（见图 5-36）。

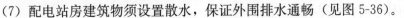

图 5-36　配电站房建筑物须设置散水，保证外围排水通畅

5.4.2　门窗

验收标准

（1）门窗的品种、类型、规格、尺寸、开启方向、安装位置、连接方式及填嵌密封处理应符合设计要求，内衬增强型钢的壁厚及设置应符合国家现行产品标准的质量要求。

（2）门窗安装工艺满足设计要求。

验收要点

（1）开关站应设两个出口。巡视门、设备运输门各 1 个，并宜布置在开关站的两端（见图 5-37）。

（2）所有门采用甲级钢制防火隔音门，防盗门框上应粘防火封条。门

图 5-37　开关站出口

均须向外开启（见图 5-38、图 5-39）。

图 5-38　进出口门设置效果　　　　　图 5-39　所有门采用甲级
钢制防火隔音门

（3）所有门、窗应可靠接地且接地点不少于 2 点，并有接地标识（见图 5-40～图 5-42）。

图 5-40　门、窗接地效果展示　　　　图 5-41　门框与本体跨接接地效果展示

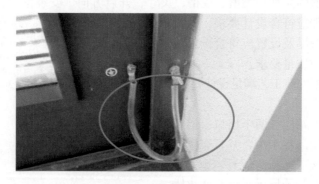

图 5-42　跨接效果展示

（4）所有门洞处设光滑砖砌防水台（500mm 高，见图 5-43）。

图 5-43　防水台效果展示

（5）窗为不能开启的自然采光高窗，材质可选断桥铝合金或塑钢窗，双层中空透明玻璃。窗外加装 5mm×5mm 不锈钢菱形防护网。窗户下沿距室外地坪高度不低于 1.8m。临街的一面不宜开设窗户。窗户具体位置由土建设计确定（见图 5-44）。

图 5-44　窗户施工效果展示图

5.4.3　排风设施安装

验收标准

（1）按设计要求设置排风设施。

（2）排风设施的数量、安装位置、排风指标等须满足设计规定。

验收要点

（1）风机采用耐腐蚀材料制造，噪声不大于 45dB，转速为 1450r/min，风量为 6660m³/h，风机开孔尺寸为 ϕ500（见图 5-45）。

图 5-45　风机验收参数

（2）风机吸入口内侧加装保护网，网孔为 5mm×5mm。安装效果图如图 5-46 所示。

图 5-46　轴流风机安装效果展示图

（3）地上开关站上方的风机吸入口处应加装防雨（鸟）罩（见图 5-47），网孔为 10mm×10mm，并使其进风口向下（见图 5-48）；下部的风机吸入口朝外一面应加装百叶。

图 5-47　地上开关站上方的风机吸入口　　　　图 5-48　进风口向下

（4）开关站若有专用通风管道，管道应采用阻燃材料且管道进入开关站入口处加装防止小动物进入的防护网，网孔为 5mm×5mm。环境污秽地区应加装空气过滤器（见图 5-49）。

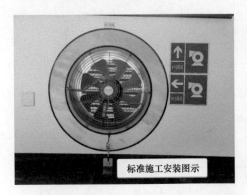

安装高度统一须没满足设计需求

标准施工安装图示

图 5-49　开关站若有专用通风管道

5.4.4　室内照明

验收标准

（1）照明、插座、通风设施、检修用配电箱的规格型号、安装位置满足设计要求。

（2）照明灯具应采用高效节能防爆光源，安装牢固，亮度满足设计及使用要求。

（3）室内主要通道处设供事故照明用的应急灯，事故情况下供电时间不小于 2h。

验收要点

（1）开关站内设置供照明、插座、通风设施、检修用配电箱。照明灯具采用高效节能防爆光源（见图 5-50），安装牢固，亮度满足设计及使用要求。室内主要通道处设供事故照明用的应急灯（见图 5-51），事故情况下供电时间不小于 2h。照明电源箱布置安装应满足设计需求，如图 5-52 所示。

（2）照明装置均为穿无增塑阻燃刚性 PVC 管暗敷。照明线路敷设时采用铜芯塑料电线（见图 5-53）。

（3）室内设备和母排正上方不应布置灯具和明敷线路。灯具不得采用软线或吊链吊装（见图 5-54）。

图 5-50　高效节能防爆灯安装

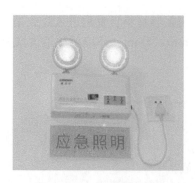 

图 5-51　应急照明灯安装　　　　图 5-52　照明电源箱布置安装应满足设计需求

图 5-53　照明线管均采用暗管敷设　　　图 5-54　灯具不得采用软线或吊链吊装

（4）站内专用动力、照明箱按箱底离地高度 1.5m 预埋线管（见图 5-55）。

1.5m

图 5-55　站内专用动力、照明箱按箱底离地高度 1.5m

5.5　电气设备安装验收

5.5.1　到货验收

验收标准

（1）到货验收进行货物清点、运输情况检查、包装及外观检查，结果满足相关技术文件及设计图纸要求（见图 5-56）。

（2）验收发现质量问题时，验收人员应及时告知物资部门、制造厂家，提出整改意见，填入"设备开箱检查记录表"，并报送管理部门。

图 5-56 业主、施工、监理参加设备到货验货

验收要点

到货验收工作按照表 5-1 要求执行。

表 5-1 到货验收工作要求

开关柜基础信息	工程名称		生产厂家		
	设备型号		出厂编号		
	验收单位		验收日期		
序号	验收项目	验收标准	检查方式	验收结论（是否合格）	验收问题说明
一、到货验收				验收人签字：	
1	开关柜柜体	（1）开关柜柜体包装完好，拆包装检查面板螺栓紧固、齐全，表面无锈蚀及机械损伤，密封应良好。 （2）SF$_6$ 充气柜预充压力符合要求。	现场检查	□是 □否	
2	绝缘件	绝缘件包裹完好，拆包装检查无受潮，外表面无损伤、裂痕	现场检查	□是 □否	

序号	验收项目	验收标准	检查方式	验收结论（是否合格）	验收问题说明
3	接地手车	接地手车包装完好，拆包装检查接地手车外观完整	现场检查	□是　□否	
4	母线	检查母线包装箱完好，拆箱核对母线数量与装箱单数量一致	现场检查	□是　□否	
5	充气柜 SF$_6$ 气体	必须具有 SF$_6$ 检测报告、合格证	查阅报告	□是　□否	
6	其他零部件	（1）组部件、备件应齐全，规格应符合设计要求，包装及密封应良好。 （2）备品备件、专用工具同时装运，但必须单独包装，并明显标记，以便与提供的其他设备相区别。 （3）开关柜在现场组装安装需用的螺栓和销钉等，应多装运 10%	现场检查	□是　□否	
二、技术资料到货验收				验收人签字：	
7	图纸	（1）外形尺寸图。 （2）附件外形尺寸图。 （3）开关柜排列安装图。 （4）母线安装图。 （5）二次回路接线图。 （6）断路器二次回路原理图	资料检查	□是　□否	
8	技术资料	制造厂应免费随设备提供给买方下述资料： （1）开关柜出厂试验报告。 （2）开关柜型式试验和特殊试验报告（含内部燃弧试验报告）。 （3）断路器出厂试验及型式试验报告。 （4）电流互感器、电压互感器出厂试验报告。 （5）避雷器出厂试验报告。 （6）接地隔离开关出厂试验报告。 （7）三工位隔离开关出厂试验报告。	资料检查	□是　□否	

续表

序号	验收项目	验收标准	检查方式	验收结论 （是否合格）	验收问题说明
8	技术资料	（8）主要材料检验报告：绝缘件检验报告；导体镀银层试验报告；绝缘纸板等的检验报告。 （9）断路器安装使用说明书。 （10）开关柜安装使用说明书。 （11）用于投切电容器的断路器应有大电流老炼试验报告	资料检查	□是　□否	

5.5.2　开关柜安装验收

验收标准

（1）高压开关柜安装应具备安装使用说明书、出厂试验报告及合格证件等资料，并制订施工安全技术措施。

（2）高压开关柜隐蔽工程验收包括开关柜绝缘件安装、并柜、开关柜主母线连接螺栓力矩检查、母线相间距离、母线距裸露导体安全距离等验收项目。

（3）验收发现质量问题时，验收人员应及时告知物资部门、制造厂家，提出整改意见，并报送管理部门。

验收要点

高压开关柜主母线连接验收工作按表 5-2 要求执行。监理人员验收设备安装如图 5-57 所示。

表 5-2　　　　　　　　　　高压开关柜安装验收标准卡

开关柜 基础信息	工程名称		生产厂家	
	设备型号		出厂编号	
	验收单位		验收日期	

序号	验收项目	验收标准	检查方式	验收结论 （是否合格）	验收问题说明
主母线连接验收				验收人签字：	
1	开关柜母线室检查	（1）检查开关柜母线室内有无异物。 （2）开关柜内无灰尘，母线室清洁。 （3）在开关柜的柜间、母线室之间及与本柜其他功能隔室之间应采取有效的封堵隔离措施	现场检查	□是　□否	

序号	验收项目	验收标准	检查方式	验收结论（是否合格）	验收问题说明
2	主母线外观检查	（1）检查主母线绝缘热缩套无划伤、脱落，相位标志清晰。（2）检查主母线导电连接面表面光滑、无划伤、镀层完好。（3）检查主母线端部经过倒角处理	现场检查	□是　□否	
3	主母线穿柜敷设	敷设平整、牢固可靠	现场检查	□是　□否	
4	穿柜套管等电位线连接	（1）检查等电位连线长度适中，接线端子与引线压接牢固。（2）等电位连线与穿柜套管连接牢固可靠，等电位连线与主母线连接牢固可靠，防止产生悬浮放电	现场检查	□是　□否	
5	主母线与开关柜分支电气连接	（1）导体接触面表面涂抹导电脂。（2）母线与分支连接无应力	现场检查	□是　□否	
6	主母线间电气连接	（1）接触面应平整、清洁。（2）导体接触面表面涂抹导电脂。（3）螺栓固定良好，力矩符合要求	现场检查	真空度：__Pa　□是　□否	
7	主母线固定	（1）检查支撑绝缘子外观完好，支架应采用热镀锌工艺。（2）绝缘子经试验合格。（3）测量主母线室内导体对地、相间绝缘距离（海拔1000m）12kV≥125mm、24kV≥180mm、40.5kV≥300mm，采用复合绝缘或固体绝缘等可靠技术，可降低其绝缘距离要求。（4）固定主母线并对螺栓紧固处理，做紧固标记	现场检查	□是　□否	
8	主母线及分支母线电气连接紧固	（1）选用适当力矩扳手对电气连接螺栓紧固处理，力矩要求满足厂家技术标准。（2）紧固完毕后对已紧固接触面标记避免遗漏。（3）母线与分支连接无应力	现场检查	□是　□否	

续表

序号	验收项目	验收标准	检查方式	验收结论 （是否合格）	验收问题说明
9	开关柜母线室绝缘化	（1）检查绝缘热缩盒外观完好，母线应标示相序。 （2）对已紧固完成并标记的接触面包封处理并包扎紧密。 （3）母线需全部加绝缘护套	现场检查	□是　□否	
10	开关柜基础检查	高压开关柜基础牢固，无下沉现象	现场检查	□是　□否	

图 5-57　监理人员按照设计文件、设备技术协议书等资料严格验收设备安装

（4）开关柜安装验收项目包括高压开关柜外观、动作、型号进行检查核对（见表 5-58）；验收发现质量问题时，验收人员应及时告知施工单位，提出整改意见，填入"中间验收记录"，并同时报送项目管理部门；中间验收工作按表 5-3 要求执行。

图 5-58　设备外观、型号与设计文件一致

表 5-3 开关柜中间验收标准卡

开关柜基础信息	工程名称		生产厂家	
	设备型号		出厂编号	
	验收单位		验收日期	

序号	验收项目	验收标准	检查方式	验收结论（是否合格）	验收问题说明
一、开关柜验收				验收人签字：	
1	开关柜各部面板	（1）柜体平整，表面干净无脱漆、锈蚀。 （2）柜体柜门密封良好，接地可靠，观察窗完好，标志正确、完整。 （3）电气指示灯颜色符合设计要求，亮度满足要求。 （4）设备出厂铭牌齐全、参数正确。 （5）开关柜泄压通道尼龙螺栓齐全，压力释放方向应避开人员和其他设备。 （6）在开关柜的配电室内应配置通风、空调、除湿机等除湿、防潮设备和温湿度计，空调出风口不得朝向柜体，防止凝露导致绝缘事故。 （7）SF$_6$充气柜压力释放装置开启方向朝向无人经过区。 （8）SF$_6$充气柜密度继电器压力符合产品技术条件要求，温度补偿小螺栓是否在打开状态	现场检查	□是　□否	
2	开关柜本体	（1）开关柜垂直偏差小于1.5mm/M。 （2）开关柜水平偏差。相邻柜顶小于2mm，成列柜顶小于2mm。 （3）开关柜面偏差。相邻柜边小于1mm，成列柜面小于1mm，开关柜柜间接缝小于2mm。 （4）采用截面积不小于240mm^{2}铜排可靠接地。 （5）开关柜等电位接地线连接牢固。 （6）检查穿柜套管外观完好。 （7）穿柜套管固定牢固，紧固力矩符合厂家技术标准要求。	现场检查	□是　□否	

续表

序号	验收项目	验收标准	检查方式	验收结论 （是否合格）	验收问题说明
2	开关柜本体	（8）穿柜套管内等电位线完好、固定牢固。 （9）检查穿柜套管表面光滑，端部尖角经过倒角处理。 （10）新建、扩建开关柜的接地母线，应有两处与接地网可靠连接点。 （11）开关柜二次接地排应用透明外套的铜接地线接入地网。 （12）开关柜间对桥及电容器出线桥应用吊架吊起支撑。 （13）额定电流 2500A 及以上金属封闭高压开关柜应装设带防护罩、风道布局合理的强排通风装置、进风口应有防尘网。风机起动值应按照厂家要求设置合理	现场检查	□是　□否	
3	仪器仪表室	（1）二次接线准确、绑扎牢固、连接可靠、标志清晰、绝缘合格，备用线芯采用绝缘包扎。 （2）驱潮、加热装置安装完好，工作正常。 （3）柜内照明良好。 （4）端子排、接线正确、布局美观，无异物附着，端子排及接线标志清晰。 （5）检查空气开关位置正确，接线美观，标志正确清晰。空气开关不得交、直流混用，保护范围应与其上、下级配合。 （6）柜内二次线应采用阻燃防护套	现场检查	□是　□否	
4	断路器室	（1）触头、触指无损伤颜色正常，配合良好，表面均匀涂抹薄层凡士林，行程（辅助）开关到位良好。 （2）断路器手车工作位置插入深度符合要求，手车开关静触头逐个检查，确保连接紧固并留有复检标记。 （3）柜上观察窗完好，能看到开关机械指示位置及储能指示位置。	现场检查	□是　□否	

续表

序号	验收项目	验收标准	检查方式	验收结论（是否合格）	验收问题说明
4	断路器室	（4）活门开启关闭顺畅、无卡涩，并涂抹二硫化钼锂基脂，活门机构应选用可独立锁止的结构。 （5）断路器外观完好、无灰尘。 （6）仓室内无异物、无灰尘，导轨平整、光滑。 （7）驱潮、加热装置安装完好，工作正常。加热、驱潮装置应保证长期运行时不对箱内邻近设备、二次线缆造成热损伤，应大于50mm，其二次电缆应选用阻燃电缆。 （8）手车开关航空插头在运行位置具有不可摘下的措施。 （9）断路器计数器应采用不可复归型	现场检查	□是　□否	
5	电缆室	（1）导体对地及相间距离满足开关柜绝缘净距离要求。 （2）相色标记明显清晰，不易脱落。 （3）一、二次电缆引出孔洞封堵良好，堵料应与基础粘接牢固。 （4）柜内照明应良好、齐全。 （5）驱潮、加热装置安装完好，工作正常。加热、驱潮装置应保证长期运行时不对箱内邻近设备、二次线缆造成热损伤，其二次电缆应选用阻燃电缆。加热器与各元件、电缆及电线的距离应大于50mm。 （6）电缆接头处应有分相色可拆卸热缩盒。 （7）电缆接头须可靠固定，金属护层必须可靠接地。 （8）电流互感器铭牌使用金属激光刻字，标示清晰，接线螺栓必须紧固，外绝缘良好，二次接线良好无开路。 （9）仓室内绝缘化完整、可靠。 （10）电缆室防火封堵应完好。	现场检查	□是　□否	

续表

序号	验收项目	验收标准	检查方式	验收结论（是否合格）	验收问题说明
5	电缆室	（11）接地闸刀传动轴销完好，开口销已开口，转动部位已润滑，接地闸刀应有分、合闸方向位置指示，确保只有二个位置，没有中间位置，并在分合闸不到位时操作手柄不能取出，接地闸刀操作闭锁应带有强制性闭锁装置，并有紧急解锁功能。零序 TA 或一次消谐设备安装合格	现场检查	□是　□否	
6	电流互感器	（1）检查电流互感器外观完好，试验合格。 （2）电流互感器安装固定牢固可靠，接地牢靠。 （3）电流互感器一次接线端子清理、打磨，涂抹导电脂并与柜内引线连接牢固。 （4）电流互感器安装完毕后测量导体与柜体、相间绝缘距离满足要求。 （5）电流互感器二次接线正确，螺栓紧固可靠。 （6）相色标记明显清晰，不得脱落。 （7）电流互感器铭牌使用金属激光刻字，标示清晰，接线螺栓必须紧固，外绝缘良好，二次接线良好无开路。 （8）二次线束绑扎牢固。 （9）一次接头连接良好，紧固可靠	现场检查	□是　□否	
7	电压互感器	（1）相间距离满足绝缘距离要求。 （2）相色标记明显清晰，不得脱落。 （3）电压互感器铭牌使用金属激光刻字，标示清晰，接线螺栓必须紧固，外绝缘良好，二次接线良好无短路。 （4）电压互感器消谐装置外观完好、接线正确。 （5）电压互感器严禁与母线直接相连。 （6）一次接头连接良好，紧固可靠	现场检查	□是　□否	

序号	验收项目	验收标准	检查方式	验收结论（是否合格）	验收问题说明
8	避雷器	（1）无变形、避雷器爬裙完好无损、清洁，放电计数器校验正确，无进水受潮现象。 （2）相间距符合安全要求。 （3）计数器安装位置便于巡视检查。 （4）避雷器严禁与母线直接相连。 （5）避雷器一次接头连接良好，紧固可靠。 （6）避雷器接地应可靠	现场检查	□是　□否	
9	操作	（1）接地开关分合顺畅无卡涩，接地良好，二次位置切换正常。 （2）手车开关，摇进摇出顺畅到位，无卡涩，二次切换位置正常。 （3）断路器远方、就地分合闸正常，无异响，机构储能正常，紧急分闸功能正常。 （4）TV一次保险便于拆卸更换，保险应良好。 （5）二次插头接触可靠，闭锁把手能可靠保证插头接触不松动。 （6）开关柜接地手车摇进、摇出顺畅到位，无卡涩，二次切换位置正常。 （7）SF$_6$充气柜三工位隔离开关传动正常、无异响，隔离开关位置与开关柜面板指示对应	现场检查	□是　□否	
10	闭锁逻辑	（1）手车在工作位置/中间位置，接地开关不能合闸，机械闭锁可靠。 （2）手车在中间位置，断路器不能合闸，电气及机械闭锁可靠。 （3）断路器在合位，手车不能摇进/摇出，机械闭锁可靠。 （4）接地开关在合位，手车不能摇进，机械闭锁可靠。	现场检查	□是　□否	

序号	验收项目	验收标准	检查方式	验收结论（是否合格）	验收问题说明
10	闭锁逻辑	（5）接地开关在分位，后柜门不能开启，机械闭锁可靠。 （6）带电显示装置指示有电时/模拟带电时，接地开关不能合闸，电气及机械闭锁可靠。 （7）带电显示装置指示有电时/模拟带电时，若无接地开关，直接闭锁开关柜后柜门，电气闭锁可靠。 （8）后柜门未关闭，接地开关不能分闸，机械闭锁可靠。 （9）断路器在工作位置，航空插头不能拔下，机械闭锁可靠。 （10）主变压器隔离柜/母联隔离柜的手车在试验位置时，主变压器进线柜/母联开关柜的手车不能摇进工作位置，电气闭锁可靠。 主变压器进线柜/母联开关柜的手车在工作位置时，主变压器隔离柜/母联隔离柜的手车不能摇出试验位置，电气闭锁可靠。 （11）SF$_6$充气柜内逻辑闭锁检查符合产品设计及技术要求	现场检查	□是　□否	
11	隔室密封检查	（1）各隔室应相对密封独立。 （2）检查手车室机构活门开启、关闭正常，活动灵活。 （3）穿柜套管的固定隔板应使用非磁材料，柜体铁板应开缝，防止形成闭合磁路	现场检查	□是　□否	
12	绝缘护套	（1）使用绝缘护套加强绝缘必须保证密封良好；高压开关柜内导体采用的绝缘护套材料应为通过型式试验的合格产品。 （2）母线及引线热缩护套颜色应与相序标志一致	现场检查	□是　□否	
13	等电位连线	穿柜套管、穿柜 TA、触头盒、传感器支瓶等部件的等电位连线应与母线及部件内壁可靠固定	现场检查	□是　□否	

续表

序号	验收项目	验收标准	检查方式	验收结论（是否合格）	验收问题说明
14	绝缘隔板	柜内绝缘隔板应采用一次浇注成型产品，材质满足产品技术条件要求且耐压和局放试验合格，带电体与绝缘板之间的最小空气间隙应满足下述要求：① 对 12kV：不应小于 30mm；② 对 24kV：不应小于 50mm；③ 对 40.5kV：不应小于 60mm	现场检查	□是　□否	
15	套管	（1）检查主进穿墙套管周围密封良好无缝隙，防止进雨受潮，底板采用非磁材料或对底板开槽，不能形成磁通路。（2）穿柜套管的固定隔板应使用非导磁材料，柜体铁板应开缝，防止形成闭合磁路	现场检查	□是　□否	
二、其他验收				验收人签字：	
16	备品备件移交清单	通过备品备件移交清单检查备品备件数量、质量良好	现场检查	□是　□否	
17	专用工器具清单	通过专用工器具清单检查专用工器具数量、质量良好	现场检查	□是　□否	
18	附属手车检查	检查检修手车、核相手车、接地手车数量、质量良好	现场检查	□是　□否	

5.5.3　开关柜交接验收

验收标准

（1）开关柜交接验收应核查高压开关柜交接试验报告，重点检查交流耐压试验。

图 5-59　验收过程认真核验各种
技术、质量资料

（2）应检查、核对高压开关柜相关的文件资料是否齐全（见图 5-59）。

（3）交接试验验收要保证所有试验项目齐全、合格，并与出厂试验数值无明显差异。

验收要点

竣工验收工作见表 5-4。

表 5-4　　　　　　　　　　　　开关柜交接试验验收标准卡

开关柜基础信息	变电站名称		设备名称编号		
	生产厂家		出厂编号		
	验收单位		验收日期		

序号	验收项目	验收标准	检查方式	验收结论（是否合格）	验收问题说明
一、断路器试验验收				验收人签字：	
1	绝缘电阻试验	绝缘电阻数值应满足产品技术条件规定	旁站见证/资料检查	绝缘电阻：__MΩ □是　□否	
2	每相导电回路电阻试验	采用电流不小于100A的直流压降法，测量值不大于厂家规定值，并与出厂值进行对比，不得超过120％出厂值	旁站见证/资料检查	回路电阻：A__μΩ、B__μΩ、C__μΩ □是　□否	
3	交流耐压试验	应在断路器合闸及分闸状态下进行交流耐压试验，试验中不应发生贯穿性放电。 真空断路器：当在合闸状态下进行时，试验电压应符合 GB 50150 的规定；当在分闸状态下进行时，断口间的试验电压应按产品技术条件的规定。 SF₆ 断路器：在 SF₆ 气压为额定值时进行，试验电压按出厂试验电压的100％	旁站见证/资料检查	整体耐压：__kV 断口耐压：__kV □是　□否	
4	机械特性试验	（1）测量分合闸速度、分合闸时间、分合闸的同期性，实测数值应符合产品技术条件的规定。 （2）现场无条件安装采样装置的断路器，可不进行分合闸速度试验。 （3）12kV真空断路器合闸弹跳时间不应大于2ms。 （4）24kV真空断路器合闸弹跳时间不应大于2ms。 （5）40.5kV真空断路器合闸弹跳时间不应大于3ms。 （6）在机械特性试验中同步记录触头行程曲线，并确保在规定的范围内。 （7）分闸反弹幅值应小于断口间距的20％	旁站见证/资料检查	合闸时间：A__ms、B__ms、C__ms 分闸时间：A__ms、B__ms、C__ms 合闸不同期：__ms 分闸不同期：__ms 弹跳时间：__ms □是　□否	

续表

序号	验收项目	验收标准	检查方式	验收结论 （是否合格）	验收问题 说明
5	分、合闸线圈及合闸接触器线圈的绝缘电阻和直流电阻	（1）绝缘电阻值不应小于10MΩ。 （2）直流电阻值与产品出厂试验值相比应无明显差别	旁站见证/资料检查	绝缘电阻：＿MΩ 直流电阻：＿Ω □是　□否	
6	操动机构的试验	（1）合闸装置在额定电源电压的85%～110%范围内，应可靠动作。 （2）分闸装置在额定电源电压的65%～110%（直流）或85%～110%（交流）范围内，应可靠动作。 （3）当电源电压低于额定电压的30%时，分闸装置不应脱扣	旁站见证/资料检查	□是　□否	
二、开关柜整体试验验收				验收人签字：	
7	交流耐压试验	试验过程中不应发生贯穿性放电	旁站见证/资料检查	□是　□否	
8	开关柜主回路电阻试验	宜带母线主回路测试，满足制造厂技术规范要求	旁站见证/资料检查	回路电阻：＿μΩ □是　□否	
三、SF$_6$充气柜特殊验收				验收人签字：	
9	SF$_6$气体试验	（1）SF$_6$气体必须经SF$_6$气体质量监督管理中心抽检合格，并出具检测报告后方可使用，抽检比例依据GB/T 12022最新版本进行。 （2）SF$_6$气体注入设备前后必须进行湿度试验且应对设备内气体进行SF$_6$纯度检测，必要时进行气体成分分析。结果符合标准要求	旁站见证/资料检查	微量水：＿μL/L □是　□否	
10	密封性试验	采用检漏仪对气室密封部位、管道接头等处进行检测时，检漏仪不应报警；每一个气室年漏气率不应大于0.5%	旁站见证/资料检查	漏气率：＿% □是　□否	
四、试验对比分析				验收人签字：	
11	试验数据分析	试验数据应通过显著性差异分析法和纵横比分析法进行分析，并提出意见	现场见证	□是　□否	

第二部分

典型质量问题解析

第6章 配 电 台 区

本章依据《国家电网公司配电网工程典型设计 10kV 配电变台分册（2016版）》，对基础施工、电杆组立、接地网辐射、台架安装、设备安装、引线安装、辅助设施、台区标志标示安装等环节的"常见病"进行解析。

6.1 基 础 施 工

本节重点解析了基坑开挖、底盘、卡盘安装等方面 4 个"常见病"。

典型问题 1　基坑开挖深度不足（见图 6-1）

典型问题图例

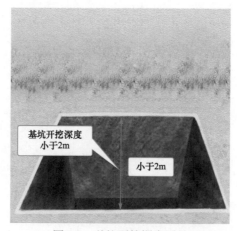

图 6-1　基坑开挖深度不足

典型问题解析

基坑开挖深度不够，易造成电杆倾斜或倾倒。可通过现场电杆埋深线和隐蔽工程照片，核实基坑开挖深度是否满足要求。

标准工艺要点

电杆长度与基坑深度数据见表 6-1。

表 6-1	电杆长度与基坑深度		（m）
杆长	10.0	12.0	15.0
埋深	1.9	2.2	2.5

12m 电杆标准基坑示例如图 6-2 所示。两基坑根开过小如图 6-3 所示。

图 6-2　12m 电杆标准基坑示例

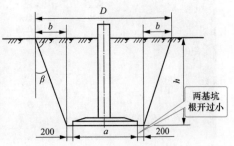

图 6-3　两基坑根开过小

典型问题 2　变台基坑间距不规范

典型问题图例

基坑开距过小如图 6-4 所示。基坑根开过大如图 6-5 所示。

图 6-4　基坑开距过小

图 6-5　基坑根开过大

典型问题解析

两基坑开挖根开不符合《配电网工程典设 10kV 配电变台分册》2016 版规定，影响设备安装。可通过现场测量和查看隐蔽工程照片，核实根开是否满足要求。

标准工艺要点

两基坑根开 2.5m，中心偏差不应超过 ±30mm。

标准规范图例

标准规范图例如图 6-6 所示。

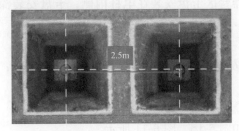

图 6-6　两基坑根开 2.5m，中心偏差不应超过 ±30mm

典型问题 3　底盘放置不规范

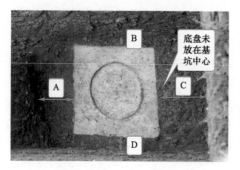

图 6-7　底盘放置不规范

典型问题图例

底盘放置不规范如图 6-7 所示。

典型问题解析

底盘未放在基坑中心点，安装后易造成电杆偏移。可通过现场查看隐蔽工程照片，核实底盘安放是否满足要求。

标准工艺要点

基坑开挖为正方形，底部应夯实、平整，底盘放置基坑中心。

标准规范图例

标准规范图例如图 6-8 所示。

典型问题 4　卡盘安装不规范

典型问题图例

卡盘安装不规范如图 6-9 所示。

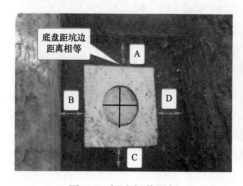

图 6-8　标准规范图例

图 6-9　卡盘安装不规范

典型问题解析

正装配电变压器台区卡盘安装在电杆内侧、卡盘安装深度不足，易造成电杆倾斜。

标准工艺要点

卡盘 U 形抱箍安装距地面 500mm，允许偏差±50mm；卡盘安装在主杆和副杆外侧。

标准规范图例

标准规范图例如图 6-10、图 6-11 所示。

图 6-10 标准规范图例（一）

图 6-11 标准规范图例（二）

6.2 电 杆 组 立

本节重点解析了杆型选择、电杆移位、基坑回填、防沉土台等方面的"常见病"。

典型问题 1 杆型选择不规范

典型问题图例如图 6-12 所示

图 6-12 杆型选择不规范

典型问题解析

配电变压器台区杆型选择不符合"国网典设"要求。

标准工艺要点

配电变压器台区杆型应选择等高、同型号的标准物料杆型。

标准规范图例

标准规范图例如图 6-13 所示。

典型问题 2　电杆根部未与底盘中心重合

典型问题图例

电杆根部未与底盘中心重合如图 6-14 所示。

典型问题解析

电杆水平重心与底盘中心间有偏移，底盘承重不均匀，电杆易发生倾斜，可通过查看隐蔽工程照片核实。

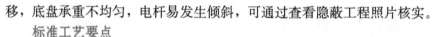

图 6-13　标准规范图例

标准工艺要点

电杆根部与底盘中心重合，横向位移小于 50mm（配电检修工艺规范）。

标准规范图例

标准规范图例如图 6-15 所示。

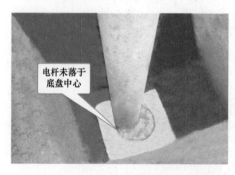

图 6-14　电杆根部未与底盘中心重合　　　　图 6-15　标准规范图例

典型问题 3　基坑回填土未夯实、未设置防沉土层

典型问题图例

基坑回填土未夯实如图 6-16 所示。未设置防尘土层如图 6-17 所示。

典型问题解析

回填土没有分层夯实，基础易出现下沉，造成电杆倾斜；电杆没有设置防沉土层，易造成基础下沉、电杆倾斜。

图 6-16　基坑回填土未夯实　　　　　图 6-17　未设置防沉土层

标准工艺要点

土块应打碎，土块直径不大于 30mm。基坑每回填 300mm 应夯实一次；回填土后的电杆基础应设防土层。土层上部面积不宜小于坑口面积，培土高度应超过地面 300mm。

标准规范图例

标准规范图例如图 6-18、图 6-19 所示。

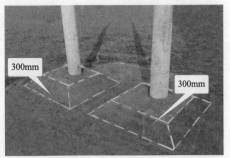

图 6-18　标准规范图例（一）　　　　图 6-19　标准规范图例（二）

6.3　接地网敷设

接地网敷设从接地网沟槽开挖标准、焊接、刷漆、安装几个方面，进行典型问题解析。

典型问题 1　接地网沟槽开挖不标准

典型问题图例

接地网沟槽开挖不标准如图 6-20 所示。

典型问题解析

接地网沟槽开挖深度、宽度均不符合典设要求。

标准工艺要点

接地网槽深度 800mm，宽度不低于 400mm；垂直接地体长度不小于2.5m，接地桩间距一般不小于 5m。

标准规范图例

接地网沟槽开挖标准规范图例如图 6-21 所示。

图 6-20　接地网沟槽开挖不标准

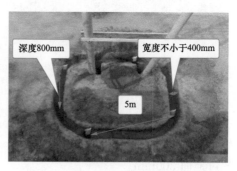

图 6-21　接地网沟槽开挖标准规范

典型问题 2　接地体焊接不规范

典型问题图例

接地体焊接不规范如图 6-22、图 6-23 所示。

图 6-22　接地体焊接不规范（一）

图 6-23　接地体焊接不规范（二）

典型问题解析

（1）接地体焊接长度、焊接面积不足，未做防腐。

（2）焊接处防腐长度不足。

可通过隐蔽工程照片核实。

标准工艺要点

镀锌扁钢焊接面不小于其宽度的 2 倍，焊接不少于三面施焊，镀锌扁钢焊接达不到 2 倍；接地装置焊接部位及外侧 100mm 范围内应做防腐处理，防腐处理前须去掉表面焊渣并除锈。

标准规范图例

接地体焊接标准规范图例如图 6-24 所示。

典型问题 3 接地装置安装不规范

典型问题图例

接地装置安装不规范如图 6-25 所示。

图 6-24 接地体焊接标准规范图例 　　图 6-25 接地装置安装不规范

典型问题解析

接地装置对地高度不符合典设要求；变压器中性点、变压器外壳、JP 柜外壳、避雷器的接地引线未在同一处连接。

标准工艺要点

接地扁钢应露出地面不小于 3m 且连接牢固可靠（见图 6-26）；从上至下依次按避雷器的接地引线、变压器中性点、变压器外壳、JP 柜外壳顺序排列，应四孔一体；台区接地引线应规范平整；接地扁钢应沿电杆内侧敷设，接地扁铁应涂刷黄绿色漆，间隔 10cm，间隔宽度一致、顺序一致，并在适当位置采用钢扎带固定。

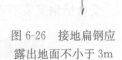

图 6-26 接地扁钢应露出地面不小于 3m

标准规范图例

接地装置安装标准规范图例如图 6-27 ～ 图 6-29 所示。

图 6-27 接地装置安装标准规范图例（一）

图 6-28　接地装置安装　　　　　　图 6-29　接地装置安装
　　标准规范图例（二）　　　　　　　　标准规范图例（三）

6.4　台　架　安　装

台架安装从变台槽钢安装、熔断器、避雷器横担间距、安装不规范几个方面，进行典型问题解析。

典型问题 1　变台槽钢安装不规范

典型问题图例

变台槽钢安装不规范如图 6-30 所示。

图 6-30　变台槽钢安装不规范

典型问题解析

变台槽钢对地高度不符合典设要求；槽钢安装倾斜，影响变压器运行。

标准工艺要点

变台槽钢水平中心线对地距离应为 3.4m，水平倾斜不大于台架根开的 1/100；JP 柜安装距地面高度不小于 1.8m；变台两根槽钢应固定在同一水平面上，禁止槽钢开口方向向内。

标准规范图例

变台槽钢安装标准规范图例如图 6-31 所示。

图 6-31　变台槽钢安装标准规范图例

典型问题 2　熔断器、避雷器横担间距安装不规范

典型问题图例

熔断器、避雷器横担间距安装不规范如图 6-32、图 6-33 所示。

图 6-32　熔断器、避雷器横担
间距安装不规范（一）

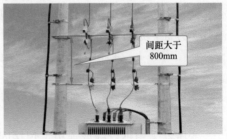

图 6-33　熔断器、避雷器横担
间距安装不规范（二）

典型问题解析

熔断器横担与避雷器横担距离不符合典设要求；跌落式熔断器、可卸式避雷器与地面直线夹角小于 15°，不方便操作。

熔断器横担离地高度 6m；熔断器横担与避雷器横担距离应为 800mm，安装水平牢固；跌落式熔断器、可卸式避雷器在轴线与地面的垂线夹角为 15°～30°。

标准规范图例

熔断器、避雷器横担间距安装标准规范图例如图 6-34、图 6-35 所示。

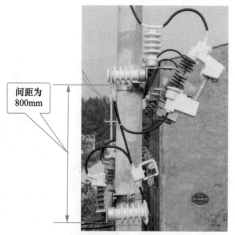

图 6-34　熔断器、避雷器横担
间距安装标准规范图例（一）

图 6-35　熔断器、避雷器横担
间距安装标准规范图例（二）

6.5　设　备　安　装

设备安装从变压器固定、变台安装下户线、变压器、JP 柜为固定在槽钢中心、避雷器安装不规范、JP 柜进出线安装不规范、低压电缆终端制作安装不规范几个方面，进行典型问题解析。

典型问题 1　变压器固定方式错误

典型问题图例

变压器固定方式错误如图 6-36～图 6-38 所示。

典型问题解析

变压器采用钢绞线或连板、焊接固定或直接坐落在槽钢上等固定方式，不符合典型设计要求。

标准工艺要点

变压器应使用螺栓与角钢固定在槽钢上。

图 6-36　变压器固定方式错误（一）

图 6-37　变压器固定方式错误（二）

图 6-38　变压器固定方式错误（三）

标准规范图例

变压器固定方式标准规范图例如图 6-39 所示。

图 6-39　变压器固定方式标准规范图例

典型问题 2　变台安装下户线

典型问题图例

变台安装下户线如图 6-40 所示。

图 6-40　变台安装下户线

典型问题解析

变台安装下户线不符合典型设计要求。

标准工艺要点

变压器台架不能安装下户线。

标准规范图例

变台安装下户线标准规范图例如图 6-41 所示。

图 6-41　变台安装下户线标准规范图例

典型问题 3　变压器、JP 柜未固定在槽钢中心

典型问题图例

变压器、JP 柜未固定在槽钢中心如图 6-42 所示。

图 6-42　变压器、JP 柜未固定在槽钢中心

典型问题解析

变压器和 JP 柜的安装位置不在槽钢中心，不符合典型设计要求。

标准工艺要点

变压器、JP 柜应安装在槽钢中心位置，并安装牢固可靠。

标准规范图例

变压器、JP 柜固定在槽钢中心标准规范图例如图 6-43 所示。

图 6-43　变压器、JP 柜固定在槽钢中心标准规范图例

典型问题 4　避雷器安装不规范

典型问题图例

避雷器安装不规范如图 6-44
所示。

典型问题解析

三相避雷器底部通过横担接地，
存在安全隐患。

图 6-44　避雷器安装不规范

标准工艺要点

三相避雷器底部应使用不小于 25mm² 铜芯绝缘导线短接后连接接地扁钢。

标准规范图例

避雷器安装标准规范图例如图 6-45 所示。

典型问题 5　接地挂环安装不规范

典型问题图例

接地挂环安装不规范如图 6-46 所示。

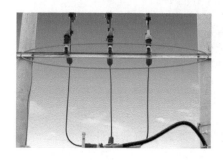

图 6-45　避雷器安装标准规范图例　　　图 6-46　接地挂环安装不规范

典型问题解析

接地挂环安装在变压器高压桩头与避雷器之间，装拆接地线时易造成变压器桩头受力损坏。

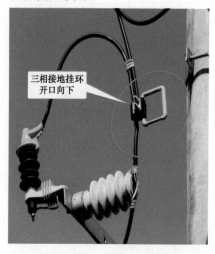

图 6-47　接地挂环安装
标准规范图例

标准工艺要点

接地挂环应安装在熔断器与避雷器之间，使变压器桩头在装拆接地线时不受力；三相接地挂环应安装整齐，在同一水平面上。

标准规范图例

接地挂环安装标准规范图例如图 6-47 所示。

典型问题 6　JP 柜进出线安装不规范

典型问题图例

JP 柜进出线安装不规范如图 6-48、图 6-49 所示。

典型问题解析

JP 柜进出线弯曲弧度过小，造成线缆绝缘层机械损伤；JP 柜进出线弧垂点高于进出线孔，雨水易顺着线缆流入 JP 柜内。

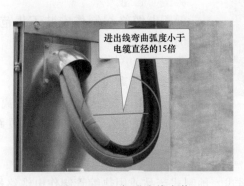

图 6-48　JP 柜进出线安装
不规范（一）

图 6-49　JP 柜进出线安装
不规范（二）

标准工艺要点

JP 柜进出线使用电缆，其弯曲弧度不小于直径 15 倍；使用绝缘导线，其弯曲度不小于直径 20 倍。

JP 柜进出导线弧垂点应低于 JP 柜进出线孔。

标准规范图例

柜进出线安装标准规范图例如图 6-50 所示。

图 6-50　柜进出线安装标准规范图例

图 6-51　低压电缆终端制作
安装不规范

典型问题 7　低压电缆终端制作安装不规范

典型问题图例

低压电缆终端制作安装不规范如图 6-51 所示。

典型问题解析

绝缘层剥离过长、低压套指、电缆终端未制作，造成相间安全距离不足，当绝缘老化，易造成相间短路、设备外壳带电。

标准工艺要点

低压电缆绝缘层剥离后应用冷缩式、预制式产品或用热缩管制作电缆终端。电缆终端制作应注意：①电缆终端制作过程中，在剥切电缆时不应剥伤电缆线芯，从剥开绝缘层开始连续操作直至完成；②无论是冷缩、热缩电缆终端在制作过程中，其电缆终端套指应尽可能向电缆头根部靠近，套指、延长护管、终端应与电缆紧密接触，将电缆线芯防护好，防止线芯外露过长、线芯之间相互缠绕。

标准规范图例

低压电缆终端制作安装标准规范图例如图 6-52 所示。

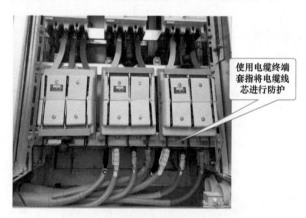

图 6-52　低压电缆终端制作安装标准规范图例

6.6　引线安装

典型问题　正装方式高压引下线连接方式不规范

典型问题图例

正装方式高压引下线连接方式不规范如图 6-53、图 6-54 所示。

图 6-53　正装方式高压引下线连接方式　　　图 6-54　正装方式高压引下线连接方式
　　　　　 不规范（一）　　　　　　　　　　　　　　 不规范（二）

典型问题解析

高压引下线使用单并沟线夹连接，接触面积较小，影响安全运行；高压引下线三相连接接头方向不一致，未全部朝向电源侧，影响安全运行。

标准工艺要点

引线与架空线路连接采用高效节能型接续线夹（安普线夹、C 形线夹、H 形液压线夹或弹射楔形线夹可选）；高压引下线三相连接接头方向应一致且全部朝向电源侧；不同金属连接，应有过渡措施。

正装方式高压引下线连接方式标准规范图例如图 6-55、图 6-56 所示。

图 6-55　正装方式高压引下线　　　　　　图 6-56　正装方式高压引下线
　　连接方式标准规范图例（一）　　　　　　　连接方式标准规范图例（二）

6.7　辅 助 设 施 安 装

辅助设施安装从电缆支架安装不规范、JP 柜进出线孔处理不规范进行典型问题解析。

典型问题 1　电缆支架安装不规范

典型问题图例

电缆支架安装不规范如图 6-57、图 6-58 所示。

图 6-57　电缆支架安装不规范（一）　　图 6-58　电缆支架安装不规范（二）

典型问题解析

电缆垂直固定支架间距超过 1.6m，影响安全运行；电缆支架固定没有安装绝缘垫层，安装时容易损伤电缆外绝缘层。

标准工艺要点

电缆垂直固定支架间距应不大于 1.6m，使电缆固定牢固、受力均匀；电缆在支架上固定时应加装绝缘垫层，电缆支架抱箍安装的松紧度应适中。

标准规范图例

电缆支架安装标准规范图例如图 6-59、图 6-60 所示。

图 6-59　电缆支架安装　　　　图 6-60　电缆支架安装
标准规范图例（一）　　　　　标准规范图例（二）

典型问题 2 JP 柜进出线孔处理不规范

典型问题图例

JP 柜进出线孔处理不规范如图 6-61 所示。

图 6-61 JP 柜进出线孔处理不规范

典型问题解析

JP 柜进出线孔封堵不严实,小动物会进入柜内,影响设备安全运行。

标准工艺要点

JP 柜进出线孔应加装绝缘垫层,采用防火泥或热缩管封堵严实。进出线缆孔应有滴水弯;绝缘层应安装牢固。

JP 柜进出线孔处理标准规范图例如图 6-62、图 6-63 所示。

图 6-62 JP 柜进出线孔处理标准
规范图例(一)

图 6-63 JP 柜进出线孔处理标准
规范图例(二)

6.8 台区标志标识

本节主要介绍配电变压器台区标识牌、警示牌悬挂容易出现的典型问题，并对所列出的典型问题提出标准工艺要点，主要包括以下两个典型问题：①柱上变压器标识牌安装位置不正确；②警示牌安装位置不正确。

图 6-64 柱上变压器标识牌
安装位置不正确

典型问题 1 柱上变标识牌安装位置不正确

典型问题图例

柱上变压器标识牌安装位置不正确如图 6-64 所示。

标准工艺要点

在台架正面右侧的变压器托担上安装配电变压器名称牌，命名牌尺寸为 300mm×240mm（不带框），白底红色黑体字，字号根据标识牌尺寸、字数调整；安装上沿与变压器托担上沿对齐，并用钢带固定在托担上。

标准规范图例

柱上变压器标识牌安装位置标准规范图例如图 6-65 所示。

典型问题 2 警示牌安装位置不正确

典型问题图例

警示牌安装位置不正确如图 6-66 所示。

图 6-65 柱上变标识牌安装位置标准规范图例

图 6-66 警示牌安装位置不正确

标准工艺要点

在台架两侧电杆上安装"禁止攀登，高压危险"警示牌，尺寸为 300mm×240mm，警示牌为长方形、衬底色为白色，带斜杠的圆边框为红色，标识符号为黑色，辅助标识为红底白字、黑体字，字号根据标识牌尺寸、字数调整。

标准规范图例

警示牌安装位置标准规范图例如图 6-67 所示。

图 6-67　警示牌安装位置标准规范图例

第7章 架 空 线 路

7.1 基坑开挖及回填

典型问题1 基坑回填未分层夯实、未设置防沉土台
典型问题图例
基坑回填未分层夯实、未设置防沉土台如图7-1所示。

杆根未设置
防尘土台

回填土未分层夯实

图7-1 基坑回填未分层夯实、
未设置防沉土台

典型问题解析
（1）电杆基坑回填过程中，未进行分层夯实，易导致土层下沉、电杆基础不牢固、电杆倾斜；
（2）电杆基坑回填后，未对电杆进行培土加固、未设置防沉土层。

标准工艺要点
（1）基坑回填土时，土块应打碎，每回填300mm夯实一次；
（2）电杆组立后，杆根处设置300mm的防沉土台（见图7-2）。

标准规范图例
基坑回填标准规范图例如图7-2所示。

700mm

300mm

1000mm

图7-2 电杆基坑应设置防沉土层，高度为300mm

典型问题 2　电杆埋设深度不符合要求

典型问题图例

电杆埋设深度不足如图 7-3 所示。

典型问题解析

电杆基坑开挖完成后未对基坑深度进行测量，电杆埋设深度不足易造成电杆倾斜或倾倒。

图 7-3　电杆埋设深度不足易造成电杆倾斜或倾倒

标准工艺要点

典型设计根据上述埋深要求进行计算，设计时应根据对应杆位的地质条件进行计算以确定水泥杆最终埋深及基础形形式，见表 7-1。

表 7-1　　　　　10kV 水泥杆埋设深度（不含底盘厚度）　　　　　（m）

杆型	杆高		
	12	15	18
直线水泥杆	1.9	2.3	2.8
无拉线转角水泥杆	1.9	2.5	2.8
多回路水泥单杆	—	2.5	2.8
水泥双杆	1.9	2.3	2.8
台区杆	2.2	2.5	—

标准规范图例

电杆埋设深度符合设计要求如图 7-4 所示。

图 7-4　电杆埋设深度符合设计要求

7.2 电杆组立

典型问题 1　电杆倾斜

典型问题图例

电杆倾斜如图 7-5 所示。

典型问题解析

电杆坑底不平整；底盘、卡盘未安装或安装方式错误导致电杆歪斜。

图 7-5　电杆倾斜

标准工艺要点

（1）电杆的杆梢位移不大于杆梢直径的 1/2。

（2）基坑底部使用底盘时，坑底表面应保持水平，底盘安装尺寸误差应符合设计要求。底盘的圆槽面应与电杆中心线垂直，找正后应填土夯实至底盘表面。底盘安装允许偏差，应使电杆组立后满足电杆允许偏差规定。

（3）安装卡盘时，卡盘 U 形抱箍距地面 500mm；直线杆卡盘应与线路平行并在线路电杆左、右侧交替埋设；承力杆卡盘埋设在承力侧。

标准规范图例

电杆整齐一致如图 7-6 所示。

典型问题 2　直线杆横线路方向偏移

典型问题图例

直线电杆横线路方向偏移大如图 7-7 所示。

图 7-6　电杆整齐一致

图 7-7　直线电杆横线路方向偏移大

典型问题解析

基坑定位不准确或底盘未放置在线路中心位置，致使电杆偏离线路中心线，当偏移过大时易造成电杆倾斜。

（1）基坑施工前的定位应符合设计要求。

（2）底盘放置、电杆组立满足允许偏差值。

（3）直线杆。顺线路方向位移不超过设计档距的3‰，直线杆横线路方向位移不超过50mm。

标准规范图例

直线杆横线路满足设计、施工规范要求如图7-8所示。

图 7-8　直线杆横线路满足设计、施工规范要求

典型问题3　带间隙氧化锌避雷器未接地

典型问题图例

带间隙氧化锌避雷器未接地如图7-9所示。

图 7-9　带间隙氧化锌避雷器未接地

典型问题解析

带间隙氧化锌避雷器（过电压保护器）未接地，严重影响线路安全运行。

标准工艺要点

避雷器底部应使用不小于 35mm² 铜芯绝缘导线短接后连接接地装置。接地电阻值不大于 10Ω。

标准规范图例

带间隙氧化锌避雷器安装图如图 7-10 所示。

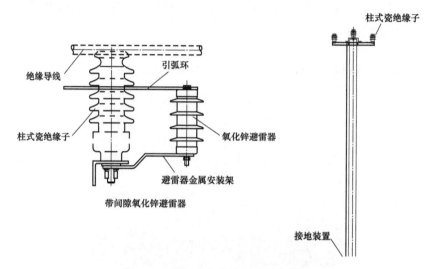

图 7-10　带间隙氧化锌避雷器安装图

典型问题 4　柱上断路器未安装避雷器

典型问题图例

柱上断路器未安装避雷器如图 7-11 所示。

图 7-11　柱上断路器未安装避雷器

典型问题解析

柱上断路器两侧未安装避雷器，易造成过电压损坏设备。

标准工艺要点

安装柱上断路器时，应当在柱上断路器两侧安装避雷器，接地引下线应采取防腐措施且接地电阻不大于 10Ω。

标准规范图例

柱上断路器安装避雷器，满足设计、施工规范如图 7-12 所示。

图 7-12 柱上断路器安装避雷器满足设计、施工规范

典型问题 5 柱上断路器与绝缘架空线路的连接方式不规范

典型问题图例

柱上断路器连接在绝缘线路耐张线夹前如图 7-13 所示。

图 7-13 柱上断路器连接在绝缘线路耐张线夹前

典型问题解析

柱上断路器连接在架空绝缘线路耐张线夹前，不符合典型设计。

标准工艺要点

柱上断路器主线引线时禁止在主绝缘线引搭，应在线尾部分搭接，特殊情况除外。

标准规范图例

满足设计、施工规范如图 7-14 所示。

图 7-14　柱上断路器与绝缘架空线路连接满足设计、施工规范

7.3　金具、绝缘子安装

典型问题 1　横担安装歪斜

典型问题图例

横担安装歪斜如图 7-15 所示。

典型问题解析

安装横担时未测量横担水平度，横担两侧端部的上下歪斜大于 20mm，易导致线路偏向一侧、电杆受力不平衡。

标准工艺要点

线路横担安装，除偏支担外，横担安装应平正，安装偏差应符合设计要求。横担端部上下歪斜不大于 20mm，左右扭斜不大于 20mm；双杆横担与电杆连接处的高差不大于连接距离的 5/1000，左右扭斜不大于横担长度的 1/100。

图 7-15　横担安装歪斜

标准规范图例

横担安装满足设计、施工规范如图 7-16 所示。

典型问题 2 45°及以下转角杆横担安装角度不规范

典型问题图例

横担安装不在受力角平分线上如图 7-17 所示。

图 7-16　横担安装满足设计、施工规范　　图 7-17　横担安装不在受力角平分线上

典型问题解析

45°及以下转角杆横担未安装在线路方向的角平分线上，电杆受力与拉线不在一条直线上，易造成横担倾斜。

标准工艺要点

45°及以下转角杆，横担应装在转角的内角平分线上。

标准规范图例

45°及以下转角杆横担安装满足设计、施工规范如图 7-18 所示。

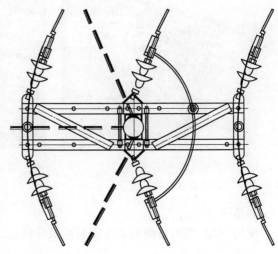

图 7-18　45°及以下转角杆横担安装满足设计、施工规范

典型问题 3　绝缘子倾斜

典型问题图例

支柱绝缘子歪斜如图 7-19 所示。

图 7-19　支柱绝缘子歪斜

典型问题解析

(1) 绝缘子安装固定时，未采用"一平一弹"垫片，绝缘子螺母易受外力影响而松动或脱落，导致绝缘子倾斜。

(2) 横担孔距与绝缘子螺栓尺寸不匹配，导致绝缘子倾斜。

标准工艺要点

(1) 安装绝缘子、放电钳位绝缘子（过电压保护器）时应加平垫、弹簧垫圈且绝缘子与铁件组合无歪斜现象并结合紧密。金具上各连接螺栓均要采取防止因震动而自行松动的措施，如"一平一弹"防松动措施。

(2) 横担孔距应与绝缘子螺栓尺寸相匹配。

标准规范图例

支柱绝缘子歪斜满足设计、施工规范如图 7-20 所示。

典型问题 4　金具安装不规范

典型问题图例

使用 NXL 型耐张线夹未加装绝缘护套如图 7-21 所示。

图 7-20　支柱绝缘子歪斜
满足设计、施工规范

图 7-21　使用 NXL 型耐张线夹
未加装绝缘护套

典型问题解析

使用 NXL 型耐张线夹剥皮安装绝缘导线后，未加绝缘护套。

标准工艺要点

(1) 应根据导线类型、最大使用拉力、绝缘子强度、地形等要求，选用相匹配的金具。

（2）导线耐张串中耐张线夹与绝缘导线连接可采用剥皮安装（NXL 型）和不剥皮安装（NXJG 型）两种安装方式（多雷地区宜采用剥皮安装方式）。

（3）剥皮安装时裸露带电部位须加绝缘罩或包覆绝缘带保护，并做防水处理。

标准规范图例

金具安装满足设计、施工规范让图 7-22 所示。

图 7-22　金具安装满足设计、施工规范

7.4　导线连接不规范

典型问题　导线连接不规范

典型问题图例

导线连接不规范如图 7-23 所示。

典型问题解析

（1）在绝缘导线过引线、引流线等位置进行导线绝缘层剥离时将导线损伤。

（2）绝缘导线过引线时，并沟线夹未绝缘化。

（3）引流线与主线直接使用裸导线进行绑扎连接。

（4）引流线与主线仅使用单并沟线夹连接。

上述问题易造成导线载流量减小、线路连接处发热、连接稳定性下降、线芯氧化、老化等问题，影响导线使用寿命，存在安全隐患。

标准规范图例

（1）剥离导线绝缘层应使用专用切削工具，不得损伤导线，绝缘层剥离长度应与连接金具长度相同，误差不大于±10mm。

图 7-23 导线连接不规范

（2）架空电力线路当采用线夹连接引流线时，线夹数量不少于 2 个，主要是加强导线连接稳定性，增加导线接触面，提高电气连接可靠性，同时加装绝缘护罩，绝缘护罩滴水孔应向下；并沟线夹的螺钉由下向上安装，如图 7-24 所示。

（3）绝缘导线连接处应进行绝缘处理。将需要绝缘处理的部位清扫干净，然后用绝缘自粘带采用重叠压 2/3 的方法缠绕两层，缠绕应超出连接金具两端各 30mm，严密封护，防止线芯进水、受潮。

图 7-24 导线连接满足设计、施工规范

7.5　拉线制作不规范

典型问题 1　拉盘安装不正确

典型问题图例

拉盘安装不正确如图 7-25 所示。拉线棒露出地面大于 700mm 如图 7-26 所示。

拉线坑未挖马道

拉线棒与拉盘
未成90°安装

图 7-25　拉盘安装不正确　　　　图 7-26　拉线棒露出地面大于 700mm

典型问题解析

（1）拉线棒安装时未挖斜坡（马道），拉线与拉线棒受力不在一条直线上，易使拉线棒受力弯曲。

（2）拉线棒露出地面过长，拉盘拉力不足，电杆受力不均。

标准工艺要点

（1）拉线坑应挖斜坡（马道），使拉线棒与拉线成一条直线。

（2）拉线盘装设，拉线棒应沿 45°马道方向埋设，拉线棒受力后不应弯曲。承力拉线与线路方向的中心线对应，拉线棒不得弯曲。

（3）拉线棒外露地面长度一般为 500～700mm。

标准规范图例

拉线安装满足设计、施工规范如图 7-27 所示。

图 7-27　拉线安装满足设计、施工规范（一）

图 7-27　拉线安装满足设计、施工规范（二）

典型问题 2　拉线与电杆夹角度数不合格

典型问题图例

拉线与电杆夹角小于 30°如图 7-28 所示。

图 7-28　拉线与电杆夹角小于 30°

典型问题解析

拉线与电杆夹角过小、过大，导致拉线受力不平衡，电杆易倾斜。

标准工艺要点

拉线与电杆夹角宜成 45°，当受地形限制可适当调整且不小于 30°、不大于 60°。

标准规范图例

拉线与电杆夹角满足设计、施工规范如图 7-29 所示。

典型问题 2 拉线抱箍安装位置不正确

典型问题图例

拉线抱箍安装在横担下方的位置不正确如图 7-30 所示。

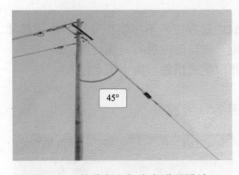

图 7-29 拉线与电杆夹角满足设计、
施工规范

图 7-30 拉线抱箍安装在横担下方的
位置不正确

典型问题解析

拉线抱箍装在横担下方或上方，紧贴横担，易产生感应电流或在绝缘子击穿时导致电流接地，造成人身等伤害。

标准工艺要点

拉线抱箍一般装设在相对应的横担下方，距横担中心线 100mm 处。

标准规范图例

拉线抱箍安装位置满足设计、施工规范如图 7-31 所示。

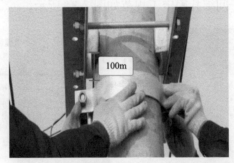

图 7-31 拉线抱箍安装位置满足设计、施工规范

7.6 导线架设及固定

典型问题 1 导线绝缘层损坏未处理

典型问题图例

绝缘导线绝缘线破损如图 7-32 所示。

典型问题解析

导线展放时未按规范要求施工，导致绝缘层损伤，易造成线芯氧化、线路绝缘性能下降，易遭雷击。

标准工艺要点

（1）绝缘线展放宜采用网套牵引，放线过程中，不应损伤导线的绝缘层和出现扭、弯等现象，接头应符合相关规定，破口处应进行绝缘处理。

（2）绝缘导线线芯裸露部位应采取相应绝缘措施，防止雨水侵入。

标准规范图例

导线绝缘层满足设计、施工规范如图 7-33 所示。

图 7-32　绝缘导线破损　　　　图 7-33　导线绝缘层满足设计、施工规范

典型问题 2　绝缘线与绝缘子间绑扎固定不规范

典型问题图例

绝缘线与绝缘子间绑扎固定不规范如图 7-34 所示。

图 7-34　绝缘线与绝缘子间绑扎固定不规范

典型问题解析

（1）不应使用裸导线绑扎绝缘导线。因用裸导线绑扎时，裸导线机械强度比绝缘线机械强度大，易磨损绝缘层，如果遇裸导线有毛刺时，更易造成绝缘层损坏。

（2）绝缘子与绝缘线接触部分未用绝缘自粘带缠绕。

标准工艺要点

（1）导线的固定应牢固、可靠。绑线绑扎应符合"前三后四双十字"的工艺标准，绝缘子底部要加装弹簧垫。

（2）绝缘导线在绝缘子或线夹上固定应缠绕粘布带，缠绕长度应超过接触部分 30mm，缠绕绑线应采用不小于 2.5mm² 的单股铜塑线，严禁使用裸导线绑扎绝缘导线。

绝缘线与绝缘子间绑扎固定满足设计、施工规范如图 7-35 所示。

标准规范图例

图 7-35　绝缘线与绝缘子间绑扎固定满足设计、施工规范

典型问题 3　终端线路尾线未回至主线路绑扎

典型问题图例

导线尾线未回至主线上绑扎如图 7-36 所示。

典型问题解析

终端线路尾线未回至主线路绑扎，易造成导线抽芯、脱落。

标准工艺要点

除了 NLD 型耐张线夹不用回绑外，采用楔形耐张线夹均需将线路终端尾线回至主线路绑扎牢固；绑扎导线采用线径不小于 2.5mm 同材质的绝缘导线回绑，尾线预留 600～800mm，根据导线截面确定绑扎长度，最低不小于 120mm。尾线端头应用自粘性绝缘胶带缠绕包扎并做防水处理。

标准规范图例

导线尾线绑扎满足设计、施工规范图 7-37 所示。

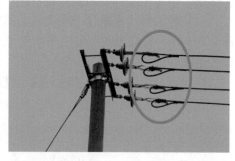

图 7-36 导线尾线未回至主线上绑扎   图 7-37 导线尾线绑扎满足设计、施工规范

典型问题 4 直线转角使用单横担固定

典型问题图例

使用单个支柱绝缘子固定与单横担架设如图 7-38 所示。

典型问题解析

线路转角 0°～15°时，导线固定架设如使用单个支柱绝缘子固定，在导线拉力和重力影响下，易引起绝缘子断裂、脱落致导线滑落。

线路转角 0°～15°，应采用直线转角杆（双横担）；线路转角大于 15°，应使用带拉线转角杆或使用无拉线耐张转角杆、跨越杆以及耐张钢管杆。

标准规范图例

直线转角固定满足设计、施工规范如图 7-39 所示。

图 7-38 使用单个支柱绝缘子固定   图 7-39 直线转角固定满足设计、
　　　　　　与单横担架设　　　　　　　　　　　施工规范

典型问题 5 导线弧垂过大

典型问题图例

导线弧垂过大如图 7-40 所示。

紧线过程中，未严格按设计的要求紧线，使弧垂过大。受风偏影响会导致相间安全距离不足、线芯拉伸或机械劳损，甚至导线断裂，存在安全隐患。

标准工艺要点

（1）紧线弧垂在挂线后应随即在观测档检查，弧垂需符合要求，不应出现弧垂不一致、导线歪扭、弯曲、导线过松或过紧等情况。

（2）10kV 及以下架空电力线路的导线紧好后，弧垂的误差不应超过设计弧垂的±5%。同档内各相导线弧垂宜一致，导线水平排列时，每相弧垂相差不大于 50mm。

图 7-40　导线弧垂过大

标准规范图例

导线弧垂满足设计、施工规范如图 7-41 所示。

典型问题 6　导线与拉线间的最小净空距离不满足要求

典型问题图例

导线与拉线间的最小净空距离不满足要求如图 7-42 所示。

图 7-41　导线弧垂满足设计、施工规范

7-42　导线与拉线间的最小净空距离不满足要求

典型问题解析

配电线路的导线与拉线和横担的最小净空距离不足，绝缘子击穿时，易导致拉线与横担带电，对人以及牲畜造成意外伤害。

标准工艺要点

如拉线与导线之间的距离小于表 7-2 中所列数值，应采取适当调整拉线抱箍位置、横担安装位置、拉线方向或拉线对地夹角（原则上不超过 60°）等措施以满足表中的安全距离要求（见图 7-43）。

表 7-2　　　　　　　　　拉线与导线之间的距离　　　　　　　　　（m）

电压等级 ＼ 海拔高度	1000 及以下	1000~2000	2000~3000	3000~4000
1kV 以下	0.100	0.113	0.128	0.144
1~10kV	0.200	0.226	0.256	0.288

标准规范图例

图 7-43 满足设计、施工规范

7.7 标识牌安装不规范

典型问题 1 杆号牌设置不规范
典型问题图例
杆号牌设置不规范如图 7-44 所示。

图 7-44 杆号牌设置不规范

典型问题解析
杆号牌设置不规范。
标准工艺要点
架空线路杆号牌安装高度一般在离地面 3m 处,同一区域或同一线路的标识牌安装高度应统一;单回线路杆塔号标识牌应悬挂在巡视易见一侧;多回线路杆塔号标识牌应与线路在杆塔上排列顺序、朝向保持一致;对于同杆塔架设的多回线路,标识牌应采用不同底色加以区分。

标准规范图例

杆号牌设置满足设计、施工规范如图 7-45 所示。

典型问题 2 架空线路相序牌安装不齐全

典型问题图例

终端杆未安装相序牌如图 7-46 所示。

图 7-45 杆号牌设计、施工规范

图 7-46 终端杆未安装相序牌

典型问题解析

架空线路相序牌安装不齐全。

标准工艺要点

在架空线路的第一基杆塔、分支杆及支线第一基杆塔、转角杆及其两侧电杆、终端杆、联络开关两侧、变换排列方式的电杆及其两侧应安装相序标识牌。相序标识牌应安装在横担下方。

标准规范图例

架空线路相序牌安装满足设计、施工规范如图 7-47 所示。

典型问题 3 临近道路侧杆塔未设置防撞标识

典型问题图例

临近道路侧杆塔未设置防撞标识如图 7-48 所示。

图 7-47 架空线路相序牌安装满足设计、施工规范

典型问题解析

临近道路侧杆塔未设置防撞标识。

标准工艺要点

在公路沿线的杆塔，容易被车辆碰撞时，应采用粘贴或喷涂方式进行防撞标识设置。应在杆部距地面 300mm 以上面向公路侧沿杆一周粘贴或喷涂防撞警示标识。防撞标识为黑黄相间，黑、黄色带宽 200mm，高度 1200mm。

标准规范图例

临近道路侧杆塔设置防撞标识满足设计、施工规范如图 7-49 所示。

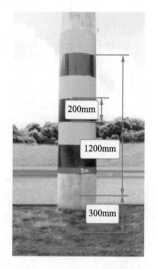

图 7-48　临近道路侧杆塔　　　　图 7-49　临近道路侧杆塔设置
未设置防撞标识　　　　　　　防撞标识满足设计、施工规范

典型问题 4　拉线反光警示管安装不规范

典型问题图例

拉线反光警示管安装不规范如图 7-50 所示。

图 7-50　拉线反光警示管安装不规范

典型问题解析

拉线反光警示管安装不规范。

标准工艺要点

城区或村镇的 10kV 及以下架空线路的拉线，应根据实际情况配置拉线反

光警示管。拉线警示管应使用反光漆，拉线警示管黑黄相间（间距200mm），安装时应紧贴地面安装，顶部距离地面垂直距离不得小于2m。

标准规范图例

拉线反光警示管安装满足设计、施工规范如图7-51所示。

典型问题5　未根据线路区域特点设置相应的安全警示标志

典型问题图例

未根据线路区域特点设置相应的安全警示标志如图7-52所示。

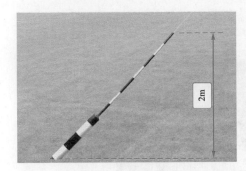

图7-51　拉线反光警示管
安装满足设计、施工规范

图7-52　未根据线路区域特点
设置相应的安全警示标志

典型问题解析

未根据线路区域特点设置相应的安全警示标志。

标准工艺要点

电力线路杆塔，应根据电压等级、线路途径区域等具体情况，在醒目位置设置相应的安全警示标识，如禁止在高压线下钓鱼、禁止取土、线路保护区内禁止植树、禁止建房、禁止放风筝等。

标准规范图例

安全警示标志满足设计、施工规范如图7-53所示。

图7-53　安全警示标志满足
设计、施工规范

第8章 低压户表

典型问题1 绝缘子绑扎不规范

典型问题图例

绝缘子绑扎不规范如图8-1所示。

图8-1 绝缘子绑扎不规范

典型问题解析

自粘带未从导线与绝缘子接触部位缠起，缠绕不紧密，缠绕厚度少于两层。

标准工艺要点

绑扎线应采用截面积不小于 $2.5mm^2$ 单股绝缘铜线，应盘成光滑的圆盘，缠绕紧密、光滑，不得有接头。

标准规范图例

绝缘子绑扎满足设计、施工规范如图8-2所示。

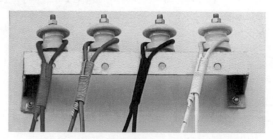

图8-2 绝缘子绑扎满足设计、施工规范

典型问题 2　安装 PVC 管不规范

典型问题图例

安装 PVC 管不规范如图 8-3 所示。

导线无滴水弯，PVC
弯头连接不紧密，
未向下

图 8-3　安装 PVC 管不规范

典型问题解析

穿线时出现金钩，导线未留滴水弯，PVC 管歪斜并有进水现象。

标准工艺要点

1）打孔，安装管卡，截取 PVC 管。

2）穿线时，不得损伤导线、折叠，不应出现金钩，并预留作滴水弯的导线。管内导线总截面积不应大于绝缘护管截面积的 40%。

标准规范图例

安装 PVC 管满足设计、施工规范如图 8-4 所示。

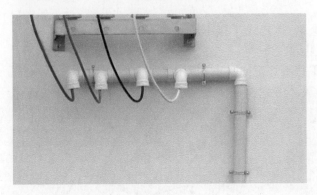

图 8-4　安装 PVC 管满足设计、施工规范

典型问题 3　电能表箱安装不规范

典型问题图例

电能表箱安装不规范如图 8-5 所示。

典型问题解析

表箱铭牌字迹模糊、铭牌脱落；箱体内有灰尘、潮气；导线敷设不美观。

标准规范图例

电能表箱安装满足设计、施工规范如图 8-6 所示。

图 8-5 电能表箱安装不规范

图 8-6 电能表箱安装满足设计、施工规范

标准工艺要点

1) 检查电能表箱外观，应完整，无破损，铭牌字迹清晰，无脱落可能。表箱应有功能区划分，客户操作区可打开；检查断路器型号、规格符合设计要求，开断无异常。

2) 检查箱内配线型号，接线正确，导线敷设时可按相、线色、粗细、回路（电压电流）进行分层，导线敷设应做到横平竖直、均匀、整齐、牢固、美观，导线转弯处留有一定弧度，布线不应有扭绞、金钩、断裂及绝缘层破损等缺陷，箱体密封良好，防水、防潮、防尘措施可靠，应有便于抄表和用电检查的观察窗。

典型问题 4 接户线 T 接不规范

典型问题图例

接户线 T 接不规范如图 8-7 所示。

图 8-7 接户线 T 接不规范

典型问题解析

(1) 接户线直接绑扎、缠绕在低压主干线路上，绑扎处易发热氧化，导致接触不良，引起发热、断线。

(2) 接户线自主干线上 T 接而下，未采用接户线横担引接或抱箍与线夹固定。

标准工艺要点

(1) 除了 NLD 型耐张线夹不用回绑外，采用楔形耐张线夹均需要将线路终端尾线回至主线绑扎牢固。

(2) 绑扎采用不小于 2.5mm² 的单股铜塑线回绑，尾线预留 1000mm，根据导线截面确定绑扎长度，最低不小于 120mm。

(3) 尾线端头应用自粘带缠绕包扎并做防水处理。

标准规范图例

接户线 T 接满足设计、施工规范如图 8-8 所示。

图 8-8　接户线 T 接满足设计、施工规范

典型问题 5　接户线与进户线敷设不规范

典型问题解析

(1) 接户线采用集束导线时，接户点使用了 ED 型蝴蝶绝缘子固定。

(2) 接户线与进户线缠绕在同一个绝缘子上。

(3) 进户线与接户线并列敷设。

(4) 电能表箱底部距地面高度小于 1.8m。

典型问题图例

接户线与进户线敷设不规范如图 8-9 所示。

标准工艺要点

图 8-9　接户线与进户线敷设不规范

(1) 当接户线采用集束导线时，

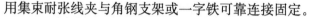

用集束耐张线夹与角钢支架或一字铁可靠连接固定。

（2）接户点对地高度不低于 2.5m。

（3）进户线与接户线应分开敷设，严禁进户线与接户线缠绕在同一个绝缘子上。

（4）电能表箱底部距地面高度宜为 1.8～2.0m。

标准规范图例

接户线与进户线敷设满足设计、施工规范如图 8-10 所示。

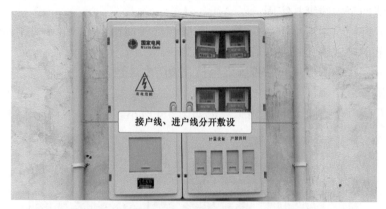

图 8-10　接户线与进户线敷设满足设计、施工规范

典型问题 6　接地方式选用不正常，存在触电风险

典型问题图例

接地方式选用不正常，存在触电风险如图 8-11 所示。

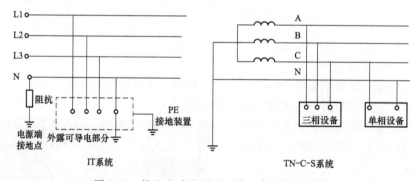

图 8-11　接地方式选用不正常，存在触电风险

典型问题解析

TT 系统采用了表箱中性线重复解读或 TN-C-S 系统未重复接地。

标准工艺要点

对 TN-C-S 系统，表箱处中性线重复接地。对 TT 系统，表箱处不允许重复接地。

标准规范图例

接地方式选用满足设计、施工规范如图 8-12 所示。

典型问题 7　未粘贴产权分界标识，容易造成后期管理混乱

典型问题图例

未粘贴产权分界标识如图 8-13 所示。

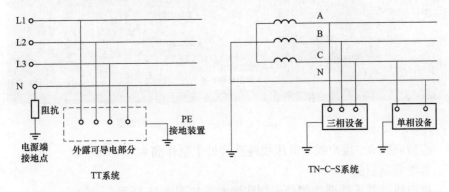

图 8-12　接地方式选用满足设计、施工规范

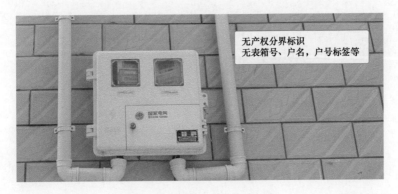

图 8-13　未粘贴产权分界标识

典型问题解析

标识字迹不清晰、褪色。

标准工艺要点

1）标识应字迹清晰工整且不易褪色。

2）标识应贴在适当位置且易于观察。同一单元中设备标签与设备的相对位置应一致，并粘贴平整、美观。

3）安装表箱号。

4）粘贴户名、户号标签。

5）安装产权分界牌。

标准规范图例

产权分界标识满足设计、施工规范如图 8-14 所示。

图 8-14　产权分界标识满足设计、施工规范

典型问题 8　接户线与低压线路连接处未制作滴水弯

典型问题图例

接户线与低压线路连接处未制作滴水弯如图 8-15 所示。

图 8-15　接户线与低压线路连接处未制作滴水弯

典型问题解析

接户线未做滴水弯；保护管未安装弯头，易进水。

标准工艺要点

1）接户线应做滴水弯，保护管应安装弯头。

2）PVC 管固定牢固、横平竖直，附件与管体接触紧密，弯头及三通管口向下，防止进水。

标准规范图例

接户线与低压线路连接处制作滴水弯满足设计、施工规范如图 8-16 所示。

典型问题 9　沿墙敷设支撑铁安装位置不规范

典型问题图例

沿墙敷设支撑铁安装位置不规范如图 8-17 所示。

图 8-16　接户线与低压线路连接处制作滴水弯满足设计、施工规范

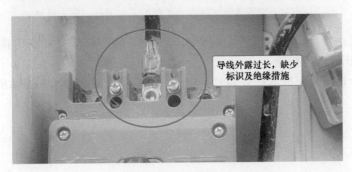

图 8-17　沿墙敷设支撑铁安装位置不规范

典型问题解析

沿墙敷设支撑铁安装位置不合适，档距不满足要求，容易造成弧垂过大，对相关物件安全距离不够，存在人员触电风险。

标准工艺要点

1）根据表箱安装位置，接户线路径，确定接户线支架安装位置。

2）以地面为基准，用尺子量出接户线支架安装高度并做标记，对地面的垂直距离应不小于 2.5m。

3）用电钻打孔，用膨胀螺栓固定，用水平尺校正，上下歪斜不应大于横担长度的 1%。

标准规范图例

沿墙敷设支撑铁安装位置满足设计、施工规范如图 8-18 所示。

典型问题 10　接户线与表箱内进线总断路器连接不规范

典型问题解析

采用与导线、螺栓不匹配的压接端子，容易造成局部发热、接线端子熔断事故。

标准工艺要点

1）按实际需要截取导线，使用相应的冷压压接钳挤压成形。

2）当导线露出压接部位时，线头应平整，外露不超过 2～3mm。

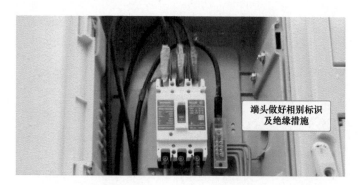

图 8-18　沿墙敷设支撑铁安装位置满足设计、施工规范

3）禁止将导线绝缘层压入端头内，一次导线所用压接端头压接部位应做好相别标识及绝缘措施。

4）计量箱采用嵌入式安装时，应采取相应措施减少墙体对箱体的压力。

第 9 章　电 缆 线 路

9.1　电 缆 基 础

典型问题 1　电缆直埋沟槽开挖深度不足

典型问题图例

电缆直埋沟槽开挖深度不足如图 9-1 所示。

典型问题解析

（1）电缆沟槽开挖深度不够，导致电缆外皮距地表深度不足 0.7m（见图 9-2），易造成电缆外破。

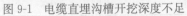

图 9-1　电缆直埋沟槽开挖深度不足

图 9-2　电缆沟槽开挖深度
不够，易造成电缆外破

（2）电缆直埋敷设没有沿电缆路径全长铺沙，覆盖宽度不小于电缆两侧各 50mm 的保护盖板，易造成电缆受到外力破坏。

标准工艺要点

（1）电缆直埋敷设时，应沿电缆路径全长铺沙，覆盖宽度不小于电缆两侧

图 9-3　电缆直埋敷设宜采用
混凝土盖板

各 50mm 的保护盖板，宜采用混凝土盖板（见图 9-3）。

（2）电缆外皮距地表深度不得小于 0.7m，当位于行车道或路口地下时，应适当加深且不宜小于 1m。

（3）直埋敷设的电缆，严禁位于地下管道的正上方或正下方。

（4）电缆与电缆、管道、道路、构筑物等之间的允许最小距离，应符合表 9-1 的规定。

标准规范图例

电缆直埋沟槽开挖满足设计、施工规范如图 9-4 所示。

表 9-1　　　　　电缆与电缆或管道、道路、构筑物等相互间最小净距

电缆直埋敷设时的配置情况		平行（m）	交叉（m）
电力电缆之间或与控制电缆之间	10kV 及以下	0.1	0.5*
	10kV 以上	0.25**	0.5*
不同部门使用的电缆间		0.5**	0.5*
电缆与地下管沟及设备	热力管沟	2.0**	0.5*
	油管及易燃气管道	1.0	0.5*
	其他管道	0.5	0.5*
电缆与铁路	非直流电气化铁路路轨	3.0	1.0
	直流电气化铁路路轨	10.0	1.0
电缆建筑物基础		0.6***	
电缆与公路边		1.0***	
电缆与排水沟		1.0***	
电缆与树木的主干		0.7	
电缆与 1kV 以下架空线电杆		1.0***	
电缆与 1kV 以上架空线杆塔基础		4.0***	

* 用隔板分隔或电缆穿管时可为 0.25m。
** 用隔板分隔或电缆穿管时可为 0.1m。
*** 特殊情况可酌减且最多减少一半值。

典型问题 2　排管排列不整齐
典型问题图例
排管排列不整齐如图 9-5 所示。

图 9-4　电缆直埋沟槽开挖满足设计、
　　　　施工规范

图 9-5　排管排列不整齐

典型问题解析

电缆排管随意，在电缆沟（井）出入口处，管子排列不整齐，造成后期电缆敷设交叉混乱。

标准工艺要点

排管在选择路径时，应尽可能取直线，排管连接处应设立管枕。排管敷设应整齐有序。排管应采用混凝土包封。

标准规范图例

排管排列满足设计、施工规范如图 9-6、图 9-7 所示。

图 9-6　排管排列整齐，设置管枕

图 9-7　采用混凝土包封

典型问题 3　电缆保护管管口有毛刺或异物不光滑

典型问题图例

电缆保护管管口有毛刺或异物不光滑如图 9-8 所示。

图 9-8 电缆保护管管口有毛刺
或异物不光滑

典型问题解析

电缆保护管管口不光滑，有毛刺，或是管口存在锐角，在电缆敷设时，容易刮伤电缆外皮。

标准工艺要点

电缆采用保护管敷设时，保护管内壁和管口应光滑无毛刺，采用通管器来回拖拉清理管内杂物，管口应采取防止损伤电缆的处理措施，如将管口做倒角，减少对电缆外皮的割划。

标准规范图例

电缆保护管管口满足设计、施工规范如图 9-9 所示。

典型问题 4 电缆管道口距沟（井）底距离不足

典型问题图例

电缆管道口与沟（井）底距离不足如图 9-10 所示。

图 9-9 电缆保护管管口满足设计、
施工规范

图 9-10 电缆管道口距沟（井）
底距离不足

典型问题解析

电缆保护管口距沟（井）底太近，无法设置电缆敷设用的滑轮，电缆会在沟（井）底拖行，粗糙的沟（井）底会刮伤电缆外护套。

标准工艺要点

电缆保护管管口底距离沟（井）底应不小于 100mm，留出设置滑轮等保护措施的空间。

标准规范图例

电缆管道口距沟（井）底满足设计、施工规范如图 9-11 所示。

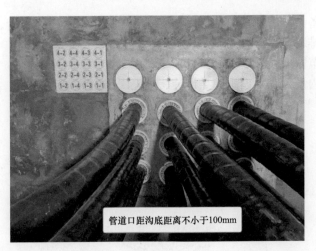

图 9-11　电缆管道口距沟（井）底满足设计、施工规范

典型问题 5　电缆沟内未设置积水设施

典型问题图例

电缆沟内未设置积水设施如图 9-12 所示。

图 9-12　电缆沟内未设置积水设施

典型问题解析

电缆沟未设置积水坑，沟（井）底反水坡坡过小，不满足要求，造成积水后无法排净，影响沟（井）内作业，如图 9-13 所示。

标准工艺要点

（1）电缆沟底板反水坡度应统一指向积水坑，反水坡度宜大于 0.5%。积水坑尺寸应能满足排水泵放置要求。坑顶设置保护盖板，盖板上设置泄水孔。

图 9-13　电缆沟未设积水坑，积水无法排净

（2）具备条件情况下，需同"三污干管"（雨水管、污水管、废水管）连通或设置强排装置。

标准规范图例

电缆沟内设置积水设施满足设计、施工规范如图 9-14 所示。

图 9-14　电缆沟内设置积水设施满足设计、施工规范

典型问题 6　直埋电缆间距不足

典型问题图例

直埋电缆间距不足如图 9-15 所示。

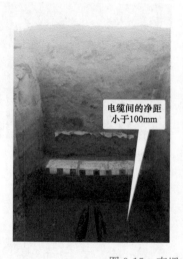

图 9-15　直埋电缆间距不足

典型问题解析

同路径直埋敷设的多回路电缆间安全距离不满足要求。

标准工艺要点

相同电压的电缆并列敷设时，电缆间的净距不应小于 100mm。

标准规范图例

直埋电缆间距满足设计、施工规范如图 9-16 所示。

图 9-16　直埋电缆间距满足设计、施工规范

典型问题 7　电缆敷设时不使用专用工器具，直接在地面拖拉，转弯处、过切角处不采取保护措施

典型问题图例

电缆敷设时不使用专用工器具，直接在地面拖拉如图 9-17 所示。

典型问题解析

电缆敷设时强拉硬拽，直接在地面拖拉，对电缆造成机械损伤和外皮破损。

标准工艺要点

（1）电缆敷设时，电缆所受牵引力、侧压力和弯曲半径应符合 GB 50168《电气装置安装工程电缆线路施工及验收规范》的规定，不应超过电缆能耐受的拉力。

图 9-17　电缆敷设时不使用专用工器具，
直接在地面拖拉

（2）沟（井）内的电缆进入排管前，宜在电缆表面涂中性润滑剂。在电缆牵引头、电缆盘、牵引机、过路管口、转弯处、支架以及可能造成电缆损伤的地方，采取保护措施。

（3）电缆敷设前，在线盘、隧道口、隧道竖井内及隧道转角处搭建放线架，将电缆盘、牵引机、履带输送机、滚轮等布置在适当的位置，电缆盘应有刹车装置。

（4）敷设电缆时，在电缆牵引头、电缆盘、牵引机、履带输送机、电缆转弯处等应有专人负责检查并保持通信畅通。

标准规范图例

电缆敷设转弯处满足设计、施工规范如图 9-18 所示。

典型问题 8　电缆敷设交叉混乱，没有线路标签

典型问题图例

电缆敷设交叉混乱，没有线路标签如图 9-19 所示。

图 9-18 电缆敷设转弯处满足设计、施工规范

图 9-19 电缆敷设交叉混乱，没有线路标签

典型问题解析

电缆沟电缆敷设交叉混乱，影响运行维护。

标准工艺要点

电缆敷设完成后应留有伸缩裕度，电缆应固定在支架上，并应保证电缆配置整齐，并标注电缆相关信息。

标准规范图例

电缆敷设在电缆支架上满足设计、施工规范如图 9-20 所示。

图 9-20 电缆敷设在电缆支架上，整齐有序，标签清晰满足设计、施工规范

典型问题 9 电缆敷设弯曲半径太小，造成电缆保护层破坏

典型问题图例

电缆弯曲半径过小如图 9-21 所示。

典型问题解析

电缆水平弯曲弧度太小，在电缆沟中电缆迂回，造成电缆敷设弯曲半径不满足大于电缆外径 15 倍的要求。

标准工艺要点

电缆在任何敷设方式及其全部路径条件的上下左右改变部位，最小弯曲半径均应满足设计或规范要求，电缆的允许弯曲半径应符合电缆绝缘及其构造特性的要求，一般大于电缆外径 15 倍。

标准规范图例

电缆弯曲半径大于电缆外径 15 倍满足设计、施工规范如图 9-22 所示。

图 9-21 电缆弯曲半径过小

图 9-22 电缆弯曲半径大于电缆外径 15 倍满足设计、施工规范

典型问题 10 电缆管道无序使用、管口未封堵

典型问题图例

电缆管道无序使用如图 9-23 所示。管口未封堵如图 9-24 所示。

图 9-23　电缆管道无序使用　　　　　图 9-24　管口未封堵

典型问题解析

（1）电缆穿管无序，造成通道内电缆敷设混乱，不利于后期电缆有序敷设。

（2）管孔（含已敷设电缆）未密封，易造成火灾蔓延或电缆沟（井）内积水。

标准工艺要点

（1）电缆管道的使用应按从下至上有序使用的原则，提前规划好管孔使用位置，避免交叉和敷设混乱的情况发生。

（2）电缆进入电缆沟、隧道、竖井、建筑物、盘（柜）以及穿入管子时，出入口应封闭，管口应密封。电缆构筑物中电缆引至电气柜、盘或控制屏、台的开孔部位，电缆贯穿隔墙、楼板的孔洞处，工作井中电缆管孔等均应实施阻火封堵。

图 9-25　电缆管道无序使用，管口
封堵满足设计、施工规范

（3）电缆进入变（配）电站或电缆竖井时，应设置阻燃点。阻燃点可采用无机堵料防火灰泥或有机堵料如防火泥、防火密封胶、防火泡沫、防火发泡砖、矿棉板或防火板等封堵。防火隔板厚度不宜小于 10mm。

标准规范图例

电缆管道无序使用，管口封堵满足设计、施工规范如图 9-25 所示。

典型问题 11　电缆进入电气盘、柜的孔洞封堵采用非阻燃材料

典型问题图例

电缆进入电气盘、柜的孔洞封堵采用非阻燃材料如图 9-26 所示。

典型问题解析

电缆进入电气盘、柜的孔洞处未做防火封堵，或封堵材料使用非阻燃材

图 9-26　电缆进入电气盘、柜的孔洞封堵采用非阻燃材料

料，不能起到阻火作用。

标准工艺要点

（1）电缆进入电气盘、柜的孔洞处应做防火封堵，采用防火材料（防火隔板、防火封堵泥）封堵平整。

（2）防火隔板厚度不宜小于 10mm。用隔板与有机防火堵料配合封堵时，防火堵料应略高于隔板，高出部分应形状规则。

标准规范图例

电缆进入电气盘、柜的孔洞封堵采用阻燃材料如图 9-27 所示。

图 9-27　电缆进入电气盘、柜的孔洞封堵采用阻燃材料满足设计、施工规范

9.2　电　缆　加　工

典型问题 1　电缆垂直固定未加绝缘层

典型问题图例

电缆垂直固定未加绝缘层如图 9-28 所示。

图 9-28　电缆垂直固定
未加绝缘层

典型问题解析

电缆抱箍固定电缆时，接触面应适当填充绝缘保护层，否则容易损伤电缆外绝缘保护层，导致电缆安全运行隐患。

标准工艺要点

电缆应固定在电缆支架上，电缆和电缆夹件间要填充衬垫，固定电缆抱箍表面应平滑、金具安装结实。

标准规范图例

电缆垂直固定满足设计、施工规范如图 9-29 所示。

典型问题 2　电缆开剥前不测量尺寸

典型问题图例

电缆开剥前不测量尺寸如图 9-30 所示。

图 9-29　电缆垂直固定
满足设计、施工规范

图 9-30　电缆开剥前不测量尺寸

典型问题解析

开剥电缆时，不同型号产品的电缆预处理开剥尺寸不同，仅凭经验开剥，导致电缆附件无法按尺寸安装。半导电层及主绝缘层未按图纸尺寸开剥，导致电缆无法安全运行。

标准工艺要点

电缆制作接头前应检查附件规格与电缆型号是否匹配。预制式中间接头、终端头应按制造商工艺图纸施工。预制件定位前应在接头两侧做标记。

标准规范图例

预制件定位前应根据要求测量预剥尺寸如图 9-31 所示，接头侧做标记如图 9-32 所示。

图 9-31 预制件定位前应根据要求测量预剥尺寸

图 9-32 在接头侧做标记

典型问题 3 剥离电缆外护套不规范

典型问题图例

剥离电缆外护套不规范如图 9-33 所示。

典型问题解析

剥离护套刀口垂直护套划割，容易造成电缆护层切割过深，损伤下一层结构。

标准工艺要点

剥离外护套和内护套剥离方向不同，剥切外护层时行刀方向应从内侧向端头，剥切电缆内护层时行刀方向应从端头向内侧，避免损伤铜屏蔽层。

图 9-33 剥离电缆外护套不规范

标准规范图例

剥离外护套时，刀口斜向切割，方向由电缆内侧向端头如图 9-34 所示；剥离内护套如图 9-35 所示。

典型问题 4 铜屏蔽层切口不整齐有尖角

典型问题图例

铜屏蔽层切口不整齐有尖角，易形成局部放电点如图 9-36 所示。

典型问题解析

切剥铜屏蔽层切口不均匀整齐、有尖角，易形成局部放电点，影响电缆安全运行。

标准工艺要点

剥切电缆屏蔽层时不得损伤下层结构，屏蔽层断口要均匀整齐，不得有尖角及缺口。

211

图 9-34 剥离外护套时，刀口斜向
切割，方向由电缆内侧向端头

图 9-35 剥离内护套时，刀口避开屏
蔽层，方向由端头向电缆内侧

标准规范图例

铜屏蔽层切口满足设计、施工规
范如图 9-37 所示。

典型问题 5 外半导电层端口未
切削打磨

典型问题解析

外屏蔽层剥除后，外半导电层端
口未进行切削打磨，与绝缘层过渡不
圆滑，易形成局部放电点，如图 9-38
所示。

图 9-36 铜屏蔽层切口不整齐
有尖角，易形成局部放电点

图 9-37 铜屏蔽层切口满足设计、施工规范

图 9-38 外半导电层端口未切削打磨

标准工艺要点

冷缩和预制终端头，剥切外半导电层时，外屏蔽层端口切削成 2～5mm 的
小斜坡并打磨光洁，与绝缘层圆滑过渡。

标准规范图例

外半导电层端口切削打磨满足设计、施工规范如图 9-39 所示。

典型问题 6 电缆绝缘层清洁方向错误

典型问题图例

电缆绝缘层清洁方向错误如图 9-40 所示。

外屏蔽层端口切削成2~5mm的小斜坡并打磨光洁，与绝缘层圆滑过渡

清洁绝缘层方向从外半导电层向绝缘层擦拭，来回反复擦拭，易造成绝缘层附着半导电粒子，影响绝缘

图 9-39　外半导电层端口切削　　　　图 9-40　电缆绝缘层清洁方向错误
　　　　　打磨满足设计、施工规范

典型问题解析

交联电缆预制式中间接头和终端头制作时，清洁绝缘层方向从外半导电层向绝缘层擦拭，或来回反复擦拭，易造成绝缘层附着半导电粒子，影响绝缘。

标准工艺要点

预制件定位前应将电缆表面清洁干净，并均匀涂抹硅脂，清洁方向只允许从绝缘层端向外半导电层单向擦拭，不得反复擦拭。绝缘表面处理应光洁、对称。

标准规范图例

电缆绝缘层清洁方向标准规范如图 9-41 所示。

清洁方向只允许从绝缘层端向外半导电层单向擦拭

绝缘表面处理应光洁

图 9-41　电缆绝缘层清洁方向标准规范

典型问题 7　外保护层、主绝缘层未做倒角

典型问题图例

外保护层、主绝缘层未做倒角如图 9-42、图 9-43 所示。

图 9-42　外保护层未做倒角

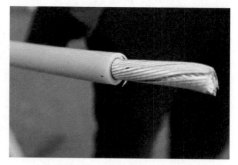

图 9-43　主绝缘层未做倒角

典型问题解析

电缆外保护层、主绝缘层未做倒角，存在安全隐患。

标准工艺要点

在外保护层及主绝缘层端部倒角 2×45°，注意在倒角时防止伤及下一层，如有轻微擦伤可用砂纸打磨平。

标准规范图例

外保护层倒角标准规范如图 9-44 所示。主绝缘层倒角标准规范如图 9-45 所示。

外保护层端部应做倒角2×45°

图 9-44　外保护层倒角标准规范

主绝缘层端部倒角2×45°

图 9-45　主绝缘层倒角标准规范

典型问题 8　相色标识错误

典型问题图例

相色标识错误如图 9-46 所示。

典型问题解析

相色标识应与电缆附带相色色标一致，保证相序一致，确保运行安全。

标准工艺要点

电缆分相色标应与电缆附带色标颜色一致，防止相序接续错误。

标准规范图例

相色标识满足设计、施工规范如图 9-47 所示。

图 9-46　相色标识错误　　　　图 9-47　相色标识满足设计、
　　　　　　　　　　　　　　　　　　　　　　施工规范

典型问题 9　电缆支架安装不规范。

典型问题图例

电缆支架安装不规范如图 9-48 所示。

典型问题解析

电缆支架横梁末端 50mm 处未设置向上倾角，与典型设计标准图册不符。

标准工艺要点

电缆支架下料误差应在 5mm 范围内，切口应无卷边、毛刺；各支架的同层横担应在同一水平面上，其高低偏差不应大于 5mm；电缆支架横梁末端 50mm 处应斜向上倾角 10°。

标准规范图例

电缆支架安装满足设计、施工规范如图 9-49 所示。

图 9-48　电缆支架安装不规范　　　图 9-49　电缆支架安装满足设计、
　　　　　　　　　　　　　　　　　　　　　　　　施工规范

第10章　10kV配电站房

10.1　土　建　工　程

典型问题1　建筑物内外墙面，沿梁与墙、柱与墙等不同材料基体接茬处裂缝等问题

建筑物不同材料基体接茬处裂缝如图10-1所示。

典型问题图例

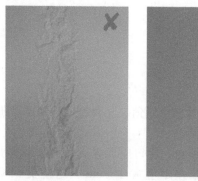

图10-1　建筑物不同材料基体接茬处裂缝

典型问题解析

（1）作业人员技术交底不到位，工艺标准掌握不清楚。

（2）未严格按《国家电网公司输变电工程标准工艺工艺标准库（2016年版）》，墙面抹灰（0101010101），"抹灰墙面应光洁，色泽均匀，无抹纹、脱层、空鼓，面层应无爆灰和裂缝、接搓平整，分隔缝及灰线清晰美观"。的要求进行施工。

标准工艺要点

（1）按GB 50210—2018《建筑装饰装修质量验收标准》第423条规定"不同材料基体交接处表面的抹灰，应采取防止开裂的加强措施，当采用加强网时，加强网与各基体的搭接宽度不应小于100mm。"

（2）按照《国家电网公司输变电工程标准工艺工艺标准库（2016年版）》墙面抹灰要求"墙体与框架柱、梁的交接处采取钉钢丝网（宜选用12.7mm×

12.7mm 钢丝网，丝径 0.9mm，搭接时应错缝，用带尾孔射钉双向间距 300mm、呈梅花形错位锚固）加强，钢丝网与基体的搭接宽度每边不小于 150mm。"

标准规范图例

建筑物不同材料基体接茬处满足设计、施工规范如图 10-2 所示。

典型问题 2　建筑台阶面层不满足防滑要求

典型问题图例

建筑台阶面层不满足防滑要求如图 10-3 所示。

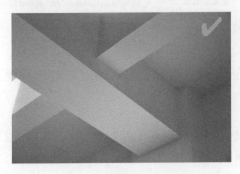

图 10-2　建筑物不同材料基体
接茬处满足设计、施工规范

图 10-3　建筑台阶面层不满足防滑要求

典型问题解析

建筑物室外台阶面层采用光面花岗岩或光面抛光砖，不满足防滑要求。

标准工艺要点

(1) 按 GB 50209—2010《建筑地面工程施工质量验收规范》中第 5.2.10、6.2.11、6.3.10 条及第 6.4.13 条分别对水泥混凝土面层、水磨石面层、大理石和花岗岩面层及预制板块面层的踏步作出规定"应做防滑处理，齿角应整齐，防滑条应顺直、牢固"。

(2) 按照《国家电网公司输变电工程标准工艺（三）工艺标准库（2016 年版）》板材踏步 0101010801 要求"台阶的面层采用火烧石等防滑材料""踏步防滑条（槽）应顺直，突出地面的防滑条宜高出地面高度 2～3mm 且高度一致。刻槽时，槽深 3mm"。

标准规范图例

建筑台阶面层防滑满足设计、施工规范如图 10-4 所示。

典型问题 3　防火门缺少闭门器、双扇防火门缺少闭门顺序器

典型问题图例

双扇防火门缺少闭门顺序器如图 10-5 所示。

图 10-4　建筑台阶面层防滑满足设计、施工规范

典型问题解析

防火门没有安装闭门器，双扇防火门只安装闭门器，没有安装闭门顺序器。

标准工艺要点

依据 GB 50877—2014《防火卷帘防火门防火窗施工及收规范》，第 5.3.2 条，"常闭防火门应安装闭门器等，双扇和多扇门防火门应安装顺序器"。

标准规范图例

防火门闭门器满足设计、施工规范如图 10-6 所示。

图 10-5　双扇防火门缺少闭门顺序器　　图 10-6　防火门闭门器满足设计、施工规范

典型问题 4　建筑物窗台安装不规范

典型问题图例

建筑物窗台安装不规范如图 10-7 所示。

典型问题解析

内、外窗台板高差错误，外窗台内低外高（应内高外低）。

标准工艺要点

依据《国家电网有限公司输变电工程质量通病防治手册（2020 年版）》

1.7.4 条要求，外窗台应高于内窗台，保证排水流畅。

标准规范图例

建筑物窗台安装满足设计、施工规范如图 10-8 所示。

图 10-7　建筑物窗台安装不规范　　　图 10-8　建筑物窗台安装满足设计、施工规范

典型问题 5　建筑物墙面插座接线错误

典型问题图例

建筑物墙面插座接线错误如图 10-9 所示。

(a)插座线和中性线接错　　　(b)插座缺地线　　　(c)插座缺中性线

图 10-9　建筑物墙面插座接线错误

典型问题解析

建筑物墙面插座接线缺相线、缺中性线、缺地线、相线和中性线接错、相地接错等。

标准工艺要点

（1）按照 GB 50303—2015《建筑电气工程施工质量验收规范》第 20.1.3 条"插座接线应符合下列规定：

1）对于单相两孔插座，面对插座的右孔或上孔应与相线连接，左孔或下孔应与中性线（N）连接；对于单相三孔插座，面对插座的右孔应与相线连接，左孔应与中性线（N）连接。

2）单相三孔、三相四孔及三相五孔插座的保护接地导体（PE）应接在上

图 10-10　建筑物墙面插座接线
正确示意图

孔；插座的保护接地导体端子不得与中性导体端子连接；同一场所的三相插座，其接线的相序应一致"。

（2）按照《国家电网公司输变电工程标准工艺（三）工艺标准库（2016 年版）》建筑室内配电箱、开关及插座 0101011305 要求"插座应满足左零右相，两孔插座下零上相的要求；同一场所三相插座，接线相序一致；开关通断位置一致，操作灵活，接触可靠"。

标准规范图例

建筑物墙面插座接线正确示意图如图 10-10 所示。

典型问题 6　疏散指示标志未设置或设置不符合要求

典型问题图例

疏散指示标识未设置或设置不符合要求如图 10-11 所示。

(a) 门上方未设置疏散指示标识

(b) 疏散走道墙面未设置指示标识

图 10-11　疏散指示标识未设置或设置不符合要求

典型问题解析

疏散通道、门指示标识未安装、不亮或指示方向错误。

标准工艺要点

按照 GB 50016—2014《建筑设计防火规范（2018 年版）》第 10.3.5 条规定"高层厂房和甲乙丙类单、多层厂房，应设置灯光疏散指示标志，并符合下列规定：应设置在安全出口和人员密集场所的疏散门正上方；应设置在疏散走道及其转角处距地面高度 1.0m 以下的墙面或地面上。灯光疏散指示标识的间距不应大于 20m；在走道转角区不应大于 1.0m"。

标准规范图例

疏散指示标识设置满足设计、施工规范如图 10-12 所示。

图 10-12　疏散指示标识设置满足设计、施工规范

10.2　电气部分

典型问题 1　开关柜接地母线接地不规范

典型问题图例

开关柜接地母线接地不规范如图 10-13 所示。

典型问题解析

(1) 作业人员技术交底不到位，工艺标准掌握不清楚。

(2) 设计图纸中注明开关柜接地母线与主接地网直接连接。各级检查验收中加强检查监督

标准工艺要点

按照 GB 50169—2016《电气装置安装工程 接地装置施工及验收规范》第 4.2.10 条规定"成列开关柜的接地母线，应有明显且不少于两点的可靠接地"。

图 10-13　开关柜接地母线接地不规范

标准规范图例

开关柜的接地母线，有明显且不少于两点的可靠接地如图 10-14 所示，与

主接地网连接示意图如图 10-15 所示。

图 10-14　开关柜的接地母线，有明显且不少于两点的可靠接地

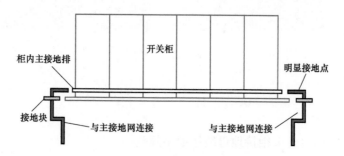

图 10-15　开关柜的接地母线与主接地网连接示意图

典型问题 2　封闭母线桥槽盒连接处接地不规范
典型问题图例
母线桥槽盒未跨接、未见明显接地如图 10-16 所示。

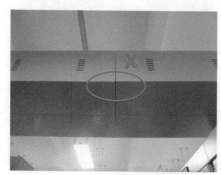

图 10-16　母线桥槽盒未跨接、
未见明显接地

典型问题解析

（1）作业人员技术交底不到位，工艺标准掌握不清楚。

（2）封闭母线桥槽盒未跨接、未见明显接地。

标准工艺要点

（1）《电气装置安装工程　接地装置施工及验收规范》（GB 50169—2016）第 3.0.4 条，"电气装置的下列金属部分，均必须接地：5. 配电、控制、保护用的屏、（柜、箱）及操作台的金属框架和底座；10. 配电装置的金属遮拦"。

（2）封闭母线桥槽盒连接处用接地线进行跨接，母线桥应做明显的直接接地。

标准规范图例

封闭母线桥槽盒连接处接地满足设计、施工规范如图 10-17 所示。

典型问题 3　柜内防火封堵工艺不规范

典型问题图例

防火封堵工艺不良如图 10-18 所示。

图 10-17　封闭母线桥槽盒连接处
接地满足设计、施工规范

图 10-18　防火封堵工艺不良

典型问题解析

（1）作业人员技术交底不到位，工艺标准掌握不清楚。

（2）保护屏、端子箱等盘、柜内防火封堵工艺不良，封堵不严密。

标准工艺要点

按照 GB 50168—2018《电气装置安装工程 电缆线路施工及验收标准》第
8.0.8 条规定"电缆孔洞封堵应严实可靠，不应有明显的裂缝和可见的孔隙，
堵体表面平整，孔洞较大者应加耐火衬板后再进行封堵。有机防火堵料封堵不应
有透光、漏风、龟裂、脱落、硬化现象；无
机防火堵料封堵不应有粉化、开裂等缺陷"。

标准规范图例

防火封堵工艺满足设计、施工规范如
图 10-19 所示。

典型问题 4　屏、柜二次电缆芯线穿
孔无保护措施

典型问题图例

二次电缆芯线穿孔无保护措施如图 10-20
所示。

图 10-19　防火封堵工艺
满足设计、施工规范

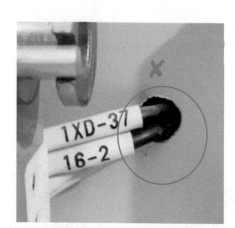

图 10-20　二次电缆芯线穿孔无保护措施

典型问题解析

（1）作业人员技术交底不到位，工艺标准掌握不清楚。

（2）施工过程应对柜内穿线孔做保护措施，防止电缆损伤，各级检查验收中加强检查监督。

标准工艺要点

《国家电网公司输变电工程标准工艺工艺标准库（2016 年版）》，"屏、柜安装（0102040101）（5）屏顶小母线应设置防护措施，屏顶引下线在屏顶穿孔处有胶套或绝缘保护"。

标准规范图例

屏、柜二次电缆芯线穿孔保护措施满足设计、施工规范如图 10-21 所示。

典型问题 5　屏柜内个别接地螺栓上接三个及以上线鼻子

典型问题图例

屏柜内个别接地螺栓上所接引的屏蔽接地线鼻为两个及以上如图 10-22 所示。

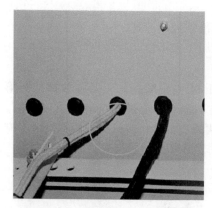

图 10-21　屏、柜二次电缆芯线穿孔保护措施满足设计、施工规范

图 10-22　屏柜内个别接地螺栓上所接引的屏蔽接地线鼻为两个及以上

典型问题解析

（1）作业人员技术交底不到位，工艺标准掌握不清楚。

（2）施工过程屏柜内个别接地螺栓上所接引的屏蔽接地线鼻不应为三个及以上。

标准工艺要点

《国家电网公司输变电工程标准工艺工艺标准库（2016 年版）》，规定："二次回路接线（0102040104）每个接地螺栓上所引接的屏蔽接地线鼻不得超过两个，每个接地线鼻子不超过 6 根屏蔽线"。

标准规范图例

屏柜内接地螺栓上接线鼻子数量满足设计、施工规范如图 10-23 所示。

图 10-23　屏柜内接地螺栓上接线鼻子数量满足设计、施工规范

典型问题 6　屏柜二次线工艺不美观，备用芯线长度不足、未加装封头

典型问题图例

未加装封头电缆芯线排列不整齐，导体外露如图 10-24 所示。

图 10-24　未加装封头电缆芯线排列不整齐，导体外露

典型问题解析

（1）作业人员技术交底不到位，工艺标准掌握不清楚。

（2）个别屏柜二次芯线未绑扎，排列杂乱无章；备用芯线未加装封头存在裸露，备用芯预留长度没有超过端子排最顶端。

标准工艺要点

（1）按照 GB 50171—2012《电气装置安装工程盘、柜及二次回路接线施工及验收规范》第 6.0.4 条规定"盘、柜内的电缆芯线接线应牢固、排列整齐，并应留有适当裕度；备用芯线应引至盘、柜顶部或线槽末端，并应标明备用标识，芯线导体不得外露"。

（2）《国家电网公司输变电工程标准工艺工艺标准库（2016 年版）》，规定："二次回路接线（0102040104），芯线按垂直或水平有规律地配置，排列整齐、清晰、美观，回路编号正确，绝缘良好，无损伤。芯线绑扎带头间距统一、美观。备用芯应满足端子排最远端子接线要求，应套标有电缆编号的号码管且线芯不得裸露"。

标准规范图例

备用芯线设置规范如图 10-25 所示。

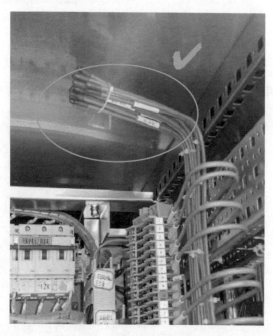

图 10-25 备用芯线设置规范

远程智能验收展望

第11章 项 目 背 景

目前，中国电网规模已经超过美国，居世界第一，中国输电线路建设的年复合增长率将达到 6%，高于全球 3% 的增速。尽管如此，电力配电网工程建设过程中，验收管理是电力配电网工程建设过程中的重点内容，验收管理方法和技术却依然滞后，该项工作执行过程烦琐，需要考量诸多相关要素，是提升电力配电网工程建设质量的前提和保障。我国电力配电网工程能否顺利完成，很大程度上取决于验收工作质量及执行情况。

11.1 配电网改造凸显的问题

⚠ 忙于奔波，很多项目顾不上　　⚠ 项目分散，管理难度大

⚠ 施工劳务单位技术参差不齐　　⚠ 纠纷多、投资金额不足

11.1.1 项目管理单位

施工队伍选择不严谨。主要体现在分包管理不严谨，对队伍的审查流于形式，超范围分包普遍，多层分包存在挂靠、借用资质进行现场施工。

11.1.2 设计单位

设计单位投入人员不足，设计质量不高，设计图纸与现场环境不符，需要修改设计图纸现象较为普遍，甚至存在没有设计图纸的情况下进行先施工，等施工完成后再根据现场情况不录图纸。

11.1.3 施工单位

（1）施工人员安全意识和技能水平低。配电网施工现场招聘的临时人员较多，一个作业点基本是一个技术工带着几个民工进行作业，往往有些人员不能正确佩戴安全帽、正确使用安全带以及其他施工器具，作业人员的安全考试流于形式，会导致作业风险成倍增加。

（2）现场作业人员老龄化。配电网工程施工大部分人员存在老龄化，大数在 50 岁以上，健康带来的安全风险大为增加，比如爬杆，需要良好的体力支

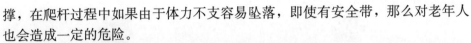

撑，在爬杆过程中如果由于体力不支容易坠落，即使有安全带，那么对老年人也会造成一定的危险。

（3）施工作业计划性差。现场施工作业组织管理不科学，存在无计划作业或有计划不按计划作业。

（4）安全设施和施工器具投入不足。安全帽、安全带、登高板等数量较少或破损严重，现场施工防护围栏、警示牌等落实不到位，关键作业环节器具不专业。

（5）作业证件、资质弄虚作假。证件的管理、审查不到位，比如焊工、登高作业特殊工种，在没有相关证件情况下，使用他人单位人员信息，或修改证件资料进行自我使用。

11.1.4　监理单位

监理单位人员、工具、设备投入不足，造成现场监理工作难以监管到位，由于施工作业点较多，无法做到每个现场都有监理人员旁站，所以更多时候无法发现现场的违章操作情况，导致风险增加，如图 11-1 所示。

图 11-1　立杆和台架设备安装

11.2　设　计　理　念

基于"互联网＋"理念，采用物联网、AI 等先进技术研发了符合电力行业巡检的全过程智能验收系统，在调研阶段，积极开展输电线路施工及运维检修新技术研究，找到了施工阶段结合 AI 智能算法智能验收的方法，方式灵活、成本低，不仅能发现隐蔽验收阶段等缺陷，还能发现杆塔验收、线路弧垂等人工验收难以发现的缺陷，实现科技推动生产的目标，如图 11-2 所示。

图 11-2　智能验收

11.3 算 法 介 绍

　　AI图像智能识别是将通过前期建立智能场景算法模型与实际图像进行智能测算，将数据进行智能化拟合得出实际测算数据与标准数据是否存在差异，同时给出差异的具体数值，根据测算的结果判定配电网工程中的建设、安装工艺是否符合规范来研判工程的建设质量，如图 11-3 所示。

图 11-3　AI智能识别

　　AI图像智能识别技术通过识别现场拍摄的图片可将部分金具、设备的类型、数量识别出来，做到部分核对工作量工作，部分算法列举见表 11-1。

表 11-1　　　　　　　　　　　　　部 分 算 法 列 举

算法	描述	适用形式
台架物料识别	通过手机或无人机等设备采集台架图片数据，上传到服务器进行物料识别计数，可导出物料清单	云端服务器/本地离线服务器
台架器件缺损识别	通过手机或无人机等设备采集台架器件图片数据，上传到服务器进行器件的缺损识别，可根据施工规范灵活定制	云端服务器/本地离线服务器
台架器件安装规范识别	通过手机或无人机（高精度场景）等设备采集台架器件图片数据，上传到服务器进行器件安装规范识别，可根据施工规范灵活定制	云端服务器/本地离线服务器
电力线测距	利用无人机/手机拍摄的序列图像构建电力线三维模型，实现电力线精准测距	云端服务器/本地离线服务器

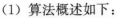

（1）算法概述如下：

1）台架器件缺损识别。算法主要用于电网台架等作业区域，可通过多视角图片数据对台架上的器件自动识别，判别是否有残缺情况，该算法极大提升了作业区域的验收效率，节省人力资源。

2）台架器件安装规范识别。算法主要用于电网台架等作业区域，可通过多视角图片数据对台架上的器件自动识别，判别器件是否符合安装规范，该算法极大提升了作业区域的验收效率，节省人力资源。

（2）算法优势。针对复杂背景和视角，深度优化，识别、跟踪精度高，对光线、阴天等不同环境适应性强。

（3）工作原理。使用手机 App/无人机抓拍设备多角度照片，并通过数据上传至服务器或连接本地便携式服务器，云端服务器或本地离线服务器读取图片，并进行分析、输出是否出现缺损情况，如图 11-4 所示。

图 11-4　台架

第12章 应用实例

12.1 应用技术

配电变压器台区典型设计验收 App 通过移动终端拍摄结合国家电网有限公司总部和国网河南省电力公司配电网工程验收标准及大纲要求标准进行比对，检测工程在过程关键节点的施工、安装、工艺质量中存在的问题和缺陷。

12.1.1 环节管控

利用 ABC 及"二八原则"管理方法，辅助供电公司、监理、施工单位在配电网工程中关键环节的管控，同步提升本专业的业务水平，提升工作质量，如图 12-1 所示。

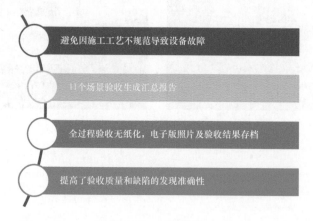

避免因施工工艺不规范导致设备故障

11个场景验收生成汇总报告

全过程验收无纸化，电子版照片及验收结果存档

提高了验收质量和缺陷的发现准确性

图 12-1　环节管控

12.1.2 AI分析

用 AI 分析隐蔽验收及关键节点，生成验收报审表、验收安装记录，并自动报验给监理方，探索网上报验流程，代替现场资料员，辅助施工员工作，如图 12-2 所示。

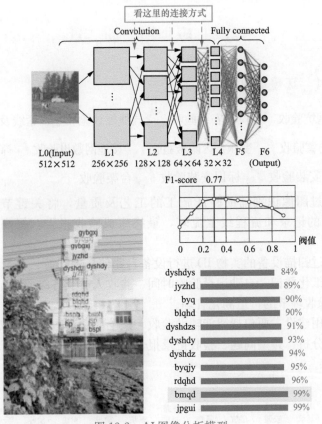

图 12-2　AI图像分析模型

12.1.3　生成辅助资料

生成工程项目安装记录表，辅助监理、供电公司施工过程巡查验收，最终汇总成册，生成竣工验收整套资料，如图 12-3 所示。

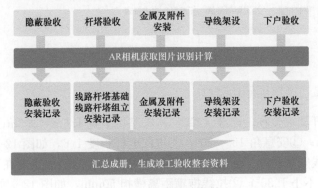

图 12-3　生成辅助资料

12.2 应用场景

12.2.1 场景实例

🔁电杆基坑验收 🔁拉线安装验收 🔁导线展放验收 🔁紧线及弧垂验收

🔁线路防雷验收 🔁变压台区隐蔽验收 🔁接地网敷设验收 🔁高压引线安装

🔁JP柜安装验收 🔁标识安装验收 🔁台架验收

(1) 通过图像识别辅助验证施工的工艺及质量，将关键节点的工艺验收形成有效的记录和流程线上流转，最终生成验收报告，提高了整体验收效率。

(2) 通过扫描设备的实物ID进行设备台账信息的查看、补录和校验工作。验收台账无纸化登记，自动记录验收时间、验收人员及各级验收结论，结合实物ID实现验收环节的可追溯化管理。

(3) 应用建设主要包括智能辅助验收、缺陷问题整改、整改复核、验收标准库、统计分析、典型问题、验收记录报告等功能模块的设计、开发、实施如图12-4所示。

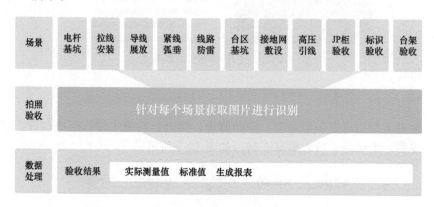

图 12-4 应用场景

12.2.2 场景展示(部分)

(1) 电杆基坑验收。标准（参考）：①基坑上宽1.6m×1.6m；②基坑下宽1.4m×1.4m；③安息角15°～20°；④坑深电杆长度1/6，如图12-5所示。

(2) 拉线安装验收。标准（参考）：①对拉线棒与地面角度在45°左右，不大于60度且不小于30°；②拉线抱箍距离横担50mm，如图12-6所示。

图 12-5　电杆基坑验收

图 12-6　拉线安装验收

（3）导线展放验收。标准（参考）：①导线接头距离导线固定点大于0.5m；②导线展放时安装滑轮，如图 12-7 所示。

图 12-7　导线展放验收

（4）线路防雷装置验收。标准（参考）：①避雷器间隔不小于350mm；②沟槽深宽600mm×400mm；③外露接地扁体长度约为1.7m，如图12-8所示。

图12-8　线路防雷装置验收

（5）台架验收如图12-9所示。

图12-9　台架验收

12.2.3　应用实例

柱上配电变压器安装工程是配电网工程末端的一个"节点"建设工程，其建设规范性和质量直接影响到电力客户的生产生活。按《国家电网公司配电网工程典型设计》要求，针对变压器侧装台区工程，需要实现对"现场安全可控化，工艺质量规范化，工程管理标准化"的贯彻和落实。

现场需要使用移动终端、视频监测等智能装备对物料明细、关键工艺、重要工序、隐蔽工程进行图片、视频等信息采集；工程验收时利用图形识别技术，对远程采集成果进行缺陷识别，辅助实现远程验收，实现工程建设质量和施工工艺水平检测。

（1）安徽省电力公司配电网智能验收（已建设）。配电网工程 AI 智能验收技术最早由国网安徽省电力公司提出建设，希望通过 AI 智能技术在配电网验收中结合施工标准规范提升工程的建设质量和验收水平，让配电网工程的验收从纸质化、人工化迈向电子化、智能化的新台阶。

（2）四川省国网遂宁供电公司配电网物料清单智能识别（建设中）。国网遂宁供电公司通过无人机巡飞采集配电网工程线路和台架图片，结合前期训练的识别模型进行物料清单的智能识别，从拍摄的图像中识别接地挂环、并沟线夹、耐张线夹、针式绝缘子、悬式绝缘子、横担抱箍、单顶抱箍、双顶抱箍、直角挂环、横担撑脚、横担、避雷器、熔断器、杆塔等，然后根据杆位表形成对应的物资清册并形成统计材料（Excel、Word）。

（3）青海电力配电网工程智能辅助验收（建设中）。国网青海省电力公司通过 AI 智能技术在配电网工程验收、隐蔽工程验收环节中形成施工工艺验收数据智能识别辅助，结合验收大纲标准将关键工艺标准进行智能识别研判并形成电子记录，研判的结果将通知对应的审核对象，例如施工单位自验收、监理关键节点验收结果推送市供电公司业主、省电力公司业主并进行电子化存储，若是业主对当前验收存在异议，可对当前验收记录标记为现场复核，根据复核的计划，施工和监理也会受到业主现场复核的通知并等待业主现场复核。

12.2.4 应用成效

通过 AI 智能验收技术可规范验收标准和验收工艺，提升配电网工程的建设质量，将验收数据进行电子化存储并形成建设、验收电子台账，后期进行运维检修时可通过扫描台区建设码查看工程的建设、验收情况，也可将检修记录和工程进行关联，为电网系统的稳定运行提供良好的基础。AI 智能验收应用成效见表 12-1。

表 12-1 AI 智能验收应用成效

工作项目	使用前	使用后
验收标准	不统一	统一
人均验收工作量	1 个/人/天	4 个/人/天
验收过程资料	纸质	电子资料
台区故障率	60%	同比降低 50%
过程追溯	难以追溯	智能追溯
各级验收结论/工程质量闭环管理	无法关联及闭环处理	实现结论关联及工程质量闭环管理

12.2.5 应用特点

（1）传统验收模式。项目分散管理难度大，人工验收时间长，难以管控每一个隐蔽验收及关键部位。

（2）利用 App 验收极大提高验收效率，施工过程全掌控，提高建设质量和施工工艺水平。